DU TRANSPORT

des

BLESSÉS ET MALADES EN CAMPAGNE

par

le Dr. **Th. Billroth,**   et   le Dr. **J. Mundy,**

Professeur de clinique chirurgicale à
l'Université de Vienne,

Professeur de santé militaire à l'Université
de Vienne,

avec les

PROCÈS-VERBAUX

de la Conférence Internationale privée sur l'amélioration du traitement et de l'entretien des blessés et malades en campagne, réunie sur l'invitation de MM. les Docteurs **Billroth, Mundy** et **Wittelshöfer** du 6 au 9 Octobre au Pavillon sanitaire de l'Exposition Universelle de 1873 à Vienne.

TRADUIT PAR MR GRISZA à VIENNE.

VIENNE.
Charles Gerold fils Imprimeur-Éditeur.
1874.

DU TRANSPORT

des

BLESSÉS ET MALADES EN CAMPAGNE

par

Th. Billroth, et le Dr. **J. Mundy,**

Professeur de clinique chirurgicale à Professeur de santé militaire à l'Université
l'Université de Vienne, de Vienne,

avec les

PROCÈS-VERBAUX

de la Conférence internationale privée sur l'amélioration du traitement et de l'entretien des blessés et malades en campagne, réunie
sur l'invitation de MM. les Docteurs **Billroth**, **Mundy** et **Wittelshöfer** du 6 au 9 Octobre au Pavillon sanitaire de l'Exposition
Universelle de 1873 à Vienne.

TRADUIT PAR Mᴿ· GRISZA à VIENNE.

VIENNE.
Charles Gerold fils Imprimeur-Éditeur.
1874.

Avant-propos.

Par le présent ouvrage les soussignés viennent
remplir leur engagement de publier en langue allemande
et en langue française les Procès-verbaux de „la Conférence internationale privée sur l'amélioration du traitement et de l'entretien des blessés et malades en campagne“
réunie au Pavillon sanitaire de l'Exposition Universelle
de Vienne du 6 au 9 Octobre 1873. Les soussignés
trouvent, en repassant les protocoles, que ces derniers
ne donnent qu'une image très-incomplète de l'activité
forcée de la Conférence, vu que la majeure partie du
temps fut employée par les membres de la Conférence
aux essais pratiques du matériel exposé, et que les discussions les plus importantes sur les avantages que présentaient les différents systèmes avaient lieu précisément
à l'occasion de ces essais en déterminant les votes sur
les résolutions préparées pour les séances. Il n'était
pas possible de prendre note de ces discussions pendant
les exercices pratiques. Or, pour donner un tableau
aussi complet que possible de l'état actuel des moyens
de transport des blessés et malades en campagne, les
soussignés ont pris la résolution d'ajouter aux Procès-

verbaux deux petits traités, dans lesquels les questions du ressort seraient traitées à fond, et la littérature y relative rendue accessible à ceux qui, malgré tout l'intérêt qu'ils portent à la cause, ne sont pas dans le cas de se livrer à ce travail.

Maintes affaires d'une nature tant officielle que privée dont les soussignés étaient saisis, ont retardé l'achèvement de l'ouvrage amplifié de la sorte, et la traduction française a eu aussi quelque part à ce retard.

Que nos efforts, dans lesquels nous avons été si vaillamment supportés par les membres de la Conférence, à qui nous offrons nos meilleurs remercîments, ne soient pas faits en vain!

VIENNE, Juin 1874.

Dr. Th. Billroth. Dr. J. Mundy.

I.

Etudes historiques et critiques

sur le

Transport par les chemins de fer des blessés et malades en temps de guerre,

par

TH. BILLROTH,

Docteur en Médecine,

Professeur de Chirurgie à Vienne, Conseiller I. et R. de la Cour.

Avec une Planche, Nr. I.

Littérature.

1. *E. Gurlt*. Ueber den Transport Schwerverwundeter
   und Kranker im Kriege, nebst Vorschlägen über
   die Benutzung der Eisenbahnen dabei. Medicinische
   Zeitung des Vereins für Heilkunde in Preussen. 1859.

   (*E. Gurlt*. Du transport des grièvement blessés et malades en guerre, avec des propositions relatives à l'emploi
   des chemins de fer à ce service. Gazette médicale de la Société de Médecine de Prusse. 1859.)

1ª. *Löffler*. Der Transport Schwerverwundeter auf Eisenbahnen. Preussische militärärztliche Zeitung 1860,
   Nr. 3.

   (*Löffler*. Le transport des grièvement blessés sur les
   chemins de fer. Gazette médicale militaire de Prusse. 1860.
   Nr. 3.)

2. Reports on the extent and nature of the materials
   available for the preparation of a medical and sur-
   gical history of the rebellion. Circular 6. War
   department. Surgeon General's office. Washington,
   November 1. 1865. Philadelphia. J. B. Lippincott & Co. 1865, pag. 84.

   (Rapports sur l'étendue et le caractère du matériel
   pour servir à préparer une histoire médico-chirurgicale de la

rebellion. 6me circulaire. Département de la guerre. Bureau du chirurgien en chef de l'armée. Washington 1. Novembre 1865. Philadelphia. J. B. Lippincott & Co. 1865, page 84.)

3. *The Sanitary Commission of the United States army,* a succinct narrative of its works and purposes. New-York 1864.

(*La Commission Sanitaire de l'armée des Etats-Unis,* exposé sommaire de ses travaux et ses buts. New-York 1864.)

3ᵃ. *Oswiecinsky.* Ueber Militärtransport, insbesondere der Schwerverwundeten auf den Eisenbahnen und von den Schlachtfeldern. Frankfurt a. M. 1864.

(*Oswiecinsky.* Des transports militaires, principalement des grièvement blessés, sur les chemin de fer et de leur enlèvement des champs de bataille. Francfort s. M. 1864.)

4. *F. Hastings Hamilton.* A treatise on military surgery and hygiene. New-York. Baillière Brothers 1865, pag. 168.

(*F. Hastings Hamilton.* Traité de chirurgie et d'hygiène militaires. New-York, Baillière frères, 1865, page 168.)

5. *Evans.* La commission sanitaire des États-Unis. Paris 1865, pag. 133.

6. *Landa.* Du transport des blessés et des malades par les voies ferrées et navigables. Bruxelles 1866.

7. *H. v. Haurowitz.* Das Militärsanitätswesen der vereinigten Staaten von Nord-Amerika. Stuttgart bei Gustav Heise 1866, pag. 87.

(*H. v. Haurowitz.* La santé militaire aux Etats-Unis d'Amerique du Nord. Stuttgart, chez Gustave Heise, page 87.)

8. *J. Neudörfer.* Handbuch der Kriegschirurgie 1867. Anhang zum allgemeinen Theil, pag. 352.

(*J. Neudörfer:* Manuel de chirurgie de guerre 1867.
Appendice à la partie générale, page 352.)

9. *Conférences* internationales des sociétés de secours
aux blessés des armées de terre et de mer, tenues
à Paris en 1867. Deuxième édition revue et augmentée. Paris. Publié par la commission générale
des délégués, 1867. Partie I., pages 83 à 99.

10. *H. Fischer.* Verletzungen durch Kriegswaffen (Allgemeine Kriegschirurgie). Handbuch der allg. und
spec. Chirurgie, redigirt von v. Pitha und Billroth.
Bd. I, Abth. II, Heft 2, pag. 309. 1867.

    (*H. Fischer.* Les blessures par des armes de guerre.
[Chirurgie générale de guerre.] Manuel de chirurgie générale et spéciale, rédigé par MM. de Pitha et Billroth. Vol. I.,
Sect. II, cahier 2, page 309. 1867.)

11. *E. Gurlt.* Abbildungen zur Krankenpflege im Felde
auf Grund der internationalen Ausstellung der Hilfsvereine für Verwundete zu Paris im Jahre 1867.
Berlin 1868 bei Th. Chr. Fr. Enslin. Taf. I—III.

    (*E. Gurlt.* Représentations graphiques ayant trait au
service hospitalier en campagne, à l'occasion de l'exposition
internationale des Sociétés de secours aux blessés instituée
à Paris en 1867. Berlin 1868, chez Th. Chr. Fr. Enslin.
Planche I à III.)

12. *W. Roth.* Militärärztliche Studien. Neue Folge.
Berlin 1868. Vossische Buchhandlung, pag. 24.

    (*W. Roth.* Etudes médicales militaires. Nouvelle
série. Berlin 1868. Librairie Voss, page 24.)

13. *F. Esmarch.* Verbandplatz und Feldlazareth. Berlin
bei Hirschwald 1868, pag. 34. Zweite Auflage 1871,
pag. 35.

(*F. Esmarch.* Les lieux de pansement et les ambulances. Berlin, chez Hirschwald 1868, page 34. 2me édition 1871, page 35.)

14. *T. Longmore.* A treatise on the transport of sick and wounded troops. London 1869, pag. 443.

(*T. Longmore.* Traité sur le transport des malades et des blessés militaires. Londres 1869, page 443.)

15. *F. Löffler.* Das preussische Militärsanitätswesen und seine Reform nach der Kriegserfahrung von 1866. Berlin bei Hirschwald 1869, pag. 247.

(*F. Löffler.* La Santé militaire en Prusse et sa réforme suivant les expériences faites pendant la guerre de 1866. Berlin chez Hirschwald 1869, page 247.)

16. *E. Rose.* Das Krankenzerstreuungssystem im Felde. Berlin bei O. Janke 1868.

(*E. Rose.* Du système de dispersion des malades en campagne. Berlin chez O. Janke. 1868.)

17. Zur Verbesserung des Eisenbahntransports Verwundeter im Kriege nach Dr. v. *Fichte* und Dr. *E. Gurlt,* nebst Gutachten der Münchener Generalversammlung der Techniker der deutschen Eisenbahnverwaltungen. Zeitung des Vereins deutscher Eisenbahnverwaltungen 1870, Nr. 30. Der Aufsatz findet sich abgedruckt im Kriegerheil 1870, Nr. 10, pag. 112.

(Sur l'amélioration du transport par les chemins de fer des blessés en campagne, d'après MM. les Drs. v. *Fichte* et *E. Gurlt,* avec l'avis énoncé par l'assemblée générale des hommes techniques des administrations des chemins de fer allemands à Munich. Gazette de l'Association des administrations des chemins de fer allemands, 1870, Nr. 30. L'article est imprimé dans le Kriegerheil 1870, Nr. 10, page 112.)

18. *R. Virchow.* Der erste Sanitätszug des Berliner Hilfsvereins für die deutschen Armeen im Felde. Berlin bei Hirschwald 1870.

> (*R. Virchow.* Le premier train sanitaire de la Société de secours pour les armées allemandes en campagne siégeant à Berlin. Berlin, chez Hirschwald 1870.)

19. Lazarethwagen-System *E. Meyer* in Hannover. Lithographirte Tafel nebst Beschreibung (Manuscript), 1871.

> (Système de voiture d'Ambulance *E. Meyer*, de Hanovre. Planche lithographique avec description (Manuscrit) 1871.)

20. *O. v. Hoenika.* Ein Beitrag zur Beurtheilung der Thätigkeit der freiwilligen Krankenpflege während des deutsch-französischen Feldzuges 1870—1871. Berlin bei Hirschwald 1871.

> (*O. v. Hoenika.* Quelques données pour servir à l'appréciation de l'activité deployée dans les soins volontaires données aux malades pendant la campagne franco-allemande de 1870—1871. Berlin chez Hirschwald 1871.)

21. *Friedrich.* Der Eisenbahnunfall des Sanitätszugs des XII. (kgl. sächs.) Armeecorps bei Puteaux. Dresdner Journal 1871.

> (*Friedrich.* L'accident de chemin de fer arrivé près Puteaux au XII^mo corps d'armée [Saxe royale]. Journal de Dresde 1871.)

22. Der Hamburger Lazarethzug nach dem Hennickeschen System. Kriegerheil. Erstes Beiheft 1871.

> (Le train d'ambulance hambourgeois d'après le système *Hennike*. Kriegerheil [Journal allemand], 1er supplément 1871.)

23. Ueber den Einfluss der Reise des Prof. *Pirogoff* auf die russische Medicin. Kriegerheil. Erstes Beiheft 1871.

(De l'influence qu'a eue le voyage du Professeur *Pirogoff* sur la médecine russe. Kriegerheil, 1er supplément 1871.)

24 u. 25. Verhandlungen des ersten deutschen Vereinstages der deutschen Vereine zur Pflege im Felde verwundeter und erkrankter Krieger und der deutschen Frauenvereine zu Nürnberg am 23.—25. October 1871. Kriegerheil. Zweites Beiheft, pag. 121, pag. 143 u. f.

(Débats de la première assemblée des Sociétés allemandes de secours aux blessés et malades à la guerre, et des Sociétés de femmes allemandes tenue à Nuremberg du 23 au 25 Octobre 1871. Kriegerheil, 2me supplément, page 121, 143 et suivantes.)

26. *Albert Sigel.* Die würtembergischen Sanitätszüge in den Kriegsjahren 1870 und 1871. Stuttgart 1872.

(*Albert Sigel.* Les trains sanitaires wurtembergeois pendant les années de guerre 1870 et 1871. Stuttgart 1872.)

27. *H. Wasserfuhr*. Vier Monate auf einem Sanitätszuge. Deutsche Vierteljahrschrift für öffentliche Gesundheitspflege. Bd. III, Heft 2. 1871. Separatabdruck Braunschweig bei Vieweg.

(*H. Wasserfuhr.* Quatre mois dans un train sanitaire. Revue trimestrielle allemande d'hygiène publique. IIIe vol. Cah. 2. 1871. Réimpression spéciale à Brunswick chez Vieweg.)

28. *Hans Simon.* Die würtembergischen Sanitätszüge 1871.

(*Hans Simon.* Les trains sanitaires wurtembergeois. 1871.)

29. *Friedrich.* Die deutschen Sanitätszüge im Feldzuge gegen Frankreich. Jahresbericht der Gesellschaft für Natur- und Heilkunde in Dresden. September 1871 bis April 1872.

(*Friedrich.* Les trains sanitaires allemands pendant la guerre contre la France. Compte-rendu annuel de la Société des sciences naturelles et de médecine de Dresde. Septembre 1871 — Avril 1872.)

30. *V. Czerny.* Aus den Kriegslazarethen anno 1870. Wiener medicinische Wochenschrift 1871. Separatabdruck, pag. 5.

(*V. Czerny.* Les ambulances de guerre de l'an 1870. Gazette médicale hebdomadaire de Vienne 1871. Impression spéciale, page 5.)

31. *P. Boerner.* Ein preussischer Sanitätszug an der Loire nach dem Abzuge der deutschen Truppen. Berlin 1872 bei Hirschwald.

(*P. Boerner.* Un train sanitaire prussien sur les bords de la Loire après le départ des troupes allemandes. Berlin 1872 chez Hirschwald.)

32. *M. Peltzer.* Die deutschen Sanitätszüge und der Dienst als Etappenarzt im Kriege gegen Frankreich. Berlin 1872 bei Hirschwald.

(*M. Peltzer.* Les trains sanitaires allemands et le service du médecin d'étapes militaires pendant la guerre contre la France. Berlin 1872 chez Hirschwald.)

33. *Th. Billroth.* Chirurgische Briefe aus den Kriegslazarethen in Weissenburg und Mannheim 1870.

Berliner klinische Wochenschrift 1870 und 1871.
Separatabdruck Berlin bei Hirschwald 1872, pag. 71.

(*Th. Billroth*. Lettres chirurgicales envoyées des Ambulances de Wissembourg et Manheim en 1870. Bulletin clinique hebdomadaire de Berlin 1870 et 1871. Réimpression spéciale. Berlin chez Hirschwald 1872, page 71.)

34. Bericht des *Central-Comités der deutschen Vereine* zur Pflege im Felde verwundeter und erkrankter Krieger über seine Thätigkeit und die Wirksamkeit der mit ihm verbundenen Vereine während des Krieges von 1870—1871. Berlin 1872, pag. 44.

(Rapport du Comité central des sociétés allemandes de secours aux blessés et malades militaires en campagne, concernant son activité et celle des sociétés alliées avec lui pendant la guerre de 1870—1871. Berlin 1872, page 44.)

35. Die freiwillige Hilfsthätigkeit im *Grossherzogthum Baden* im Kriege 1870—1871. Rechenschaftsbericht der vereinigten Hilfscomités des badischen Frauenvereins unter dem Protectorate Ihrer königlichen Hoheit der Grossherzogin Louise von Baden und des Männerhilfsvereins zu Karlsruhe. Karlsruhe 1872, pag. 62.

(Le secours volontaire au Grande-Duché de Bade pendant la guerre des 1870—1871. Compte-rendu des divers comités de la société des femmes badoises, sous le protectorat de son Altesse royale la Grande-Duchesse Louise de Bade, et celui de la Société de secours des hommes de Carlsruh. Carlsruh 1872, page 62.)

36. Die freiwillige Hilfsthätigkeit im *Königreiche Bayern* in den Jahren 1870—1871. Gemeinschaftlicher

Rechenschaftsbericht des bayerischen Vereins zur Pflege und Unterstützung im Felde verwundeter und erkrankter Krieger und des bayerischen Frauenvereins. 1872, pag. 166.

(Le secours volontaire dans le royaume de Bavière pendant les années 1870—1871. Compte-rendu collectif de la société bavaroise de secours et d'assistance aux blessés et malades en campagne, et de la société des femmes bavaroise. 1872, page 166.)

37. Die bayerischen Spitalzüge im deutsch-französischen Kriege 1870—1871 von *Reinhold Hirschberg*. München 1872.

(Les trains d'ambulance bavarois pendant la guerre de 1870—1871, par *Raynald Hirschberg*. Munich 1872.)

38. *Alexander Hausser*, k. k. Oberarzt. Transport Verwundeter mittelst Eisenbahnen. Militärarzt (Beilage zur Wiener medicinischen Wochenschrift) 1872. Nr. 16, pag. 131. Auch als Manuscript lithographirt (Tarnow 1872) mit 8 Tafeln.

(*Alexander Hausser*, médecin-chef imp. royal. Transport des blessés par les chemins de fer. Le Médecin militaire [Annexe de la Gazette Médicale hebdomadaire de Vienne] 1872, Nr. 16, page 131. Le même lithographié en manuscrit. [Tarnow 1872] avec 8 planches.)

39. *W. Roth.* Ueber Evacuation und Etappenwesen im Kriege. Deutsche militärärztliche Zeitschrift, Heft 7, 1872.

(*W. Roth.* Des évacuations et du système des étapes en temps de guerre. Gazette médicale militaire allemande. 1872, cahier 7.)

39ª. *Löver*. Ueber den Werth der Hamburger Lazarethzüge. Deutsche militärärztliche Zeitschrift. 1872.
Heft 3.

    (*Löver*. Considérations sur la valeur des trains d'am-
bulance hambourgeois. Gazette médicale militaire allemande.
1872, cah. 3.)

39ᵇ. *Peltzer*. Ueber Evacuation, Krankentransport und
Krankenzüge. Deutsche militärärztliche Zeitschrift.
1872. Heft 8.

    (*Peltzer*. Notes sur les évacuations, le transport et
les trains de malades. Gazette médicale militaire allemande.
1872, cah. 8.)

40. *Th. Rühl*. Ueber provisorische Feldspitalanlagen,
pag. 58. „Fahrende Feldspitäler." Wien, k. k.
Staatsdruckerei, 1872.

    (*Th. Rühl*. Sur les ambulances de campagne provi-
soires page 58. „Ambulances volantes." Vienne, Imprimerie
imp. royale de l'Etat, 1872.)

41. *T. Ruepp*. Die Entwicklung des Verwundeten- und
Krankentransportwesens auf Eisenbahnen in der
Schweiz. Correspondenzblatt für Schweizer Aerzte.
1872, Nr. 20.

    (*T. Ruepp*. Le développement du système de trans-
port des blessés et des malades sur les chemins de fer suisses.
La Correspondance [Journal] des médecins suisses. 1872,
Nr. 20.)

42. *F. Jacqmin*, Les chemins de fer pendant la guerre
de 1870—1871. Paris 1872, page 235.

43. *Léon le Fort*. La chirurgie militaire. Paris 1872,
page 149.

44. *Eugenio Bellina.* I Treni Ospedali della Germania nella guerra del 1870—1871. Firenze 1872.

> (*Eugène Bellina.* Les trains d'ambulance de l'Allemagne pendant la guerre de 1870—1871. Florence 1872.)

45. *Francesco Cortese.* Reminiscenze d'un viaggio in Germania per missione ufficiale nel 1871. Venezia 1872.

> (*Francesco Cortese.* Souvenirs d'un voyage en Allemagne en mission officielle l'an 1871. Venise 1872.)

46. Die deutschen Sanitätszüge 1870 und 1871. Bericht an das schweizerische Militärdepartement von Dr. *Erismann,* Oberstabsarzt im eidgenössischen Sanitätsstab. 1873. (Manuscript.)

> (Les trains sanitaires allemands en 1870—1871. Rapport adressé au département militaire fédéral suisse, par le Dr. *Erismann*, Médecin principal de l'Etat-Major sanitaire suisse. 1873. [Manuscrit].)

47. Zur Frage der *Waggonheizung.* Centralblatt für Eisenbahnen und Dampfschiffahrt der österreichischen Monarchie. XII. Jahrgang, Nr. 139. 1873.

> (Sur la question du *chauffage des wagons.* Bulletin central des chemins de fer et de la navigation à vapeur de la monarchie austro-hongroise. XII. année, Nr. 139. 1873.)

48. Die Sanitätszüge der preussischen Armee im Feldzuge gegen Frankreich 1870—1871. Zur Erläuterung der durch die *königl. Direction der niederschles.-märk. Eisenbahn* auf der Wiener Weltausstellung ausgestellten Modelle. 1873. (Manuscript.)

> (Les trains sanitaires de l'armée prussienne dans la campagne contre la France 1870—1871. Pour servir à ex-

pliquer les modèles exposés par la *Direction royale du chemin
de fer de Basse-Silésie à la Marche* à l'Exposition Universelle de Vienne. 1873 [MS].)

49. *N. H. Plambeck.* Catalog der auf der Wiener Weltausstellung 1873 ausgestellten Sanitätsgegenstände.
Hamburg. 1873, pag. 12.

> (*N. H. Plambeck.* Catalogue des objets sanitaires ex-
> posés à l'Exposition Universelle de Vienne en 1873. Hambourg
> 1873, page 12.)

50. *R. Schmidt.* Ueber Lazarethzüge aus Güterwagen
mit besonderer Berücksichtigung des pfälzischen La-
zarethzuges. Braunschweig bei Vieweg 1873.

> (*R. Schmidt.* Des trains d'ambulance composés de
> voitures à marchandises, avec un coup d'oeil spécial sur le
> train d'ambulance du Palatinat. Brunswick chez Vieweg.
> 1873.)

51. *J. Mundy.* Vortrag über roulante Hospitäler, gehalten im Sanitätspavillon der Wiener Weltausstellung im Sommersemester 1873. (Manuscript.)

> (*J. Mundy.* Conférence sur les hôpitaux roulants, te-
> nue au pavillon sanitaire de l'Esposition Universelle de Vienne
> pendant le sémestre d'été 1873. [Manuscrit].)

52. *Bonnefond.* Modèle d'un train sanitaire de la société
française de secours aux blessés militaires. Paris 1873.
Cet ouvrage n'est pas encore dans le commerce; je le connais par
une traduction allemande que M. Mundy a eu l'obligeance de
faire faire pour moi sur le manuscrit original, et dans laquelle
j'ai puisé.

53. *W. Roth.* Einige Notizen über die internationale
Privatconferenz zu Wien vom 6. bis 9. October
1873. Deutsche militärärztliche Zeitschrift, II. Jahrgang, Heft 11 und 12, pag. 655.

(*W. Roth.* Quelques annotations sur la Conférence internationale privée tenue à Vienne du 6 au 9 Octobre 1873. Gazette médicale militaire allemande II. année, cah. 11 et 12, page 655.)

54. *F. Mühlvenzel.* Ueber die im Sanitätspavillon der Wiener Weltausstellung ausgestellt gewesenen Sanitätszüge. Mittheilungen des ärztlichen Vereines in Wien. II. Band, Nr. 25. 1873.

    (*F. Mühlvenzel.* Des trains sanitaires exposés au Pavillon sanitaire de l'Exposition Universelle de Vienne. Bulletin de la Société de médecins de Vienne, tome II, Nr. 25, 1873.)

55. Discussion über diesen Vortrag von *Mosetig* und *v. Mundy.* Der Militärarzt (Beilage zur Wiener medicinischen Wochenschrift) 1874, Nr. 1, 2, 3.

    (Discussion sur la conférence ci-dessus par *Mosetig* et *Mundy.* Le médecin militaire [Annexe à la Gazette médicale hebdomadaire de Vienne]. 1874, Nr. 1, 2, 3.)

56. *P. Niemeyer.* Ueber Theorie und Praxis von Ventilation und Heizung im Allgemeinen, sowie über Heizung und Lüftung der Eisenbahnwagen und Wartesäle im Besonderen. Monatsblatt für medicinische Statistik und öffentliche Gesundheitspflege. Beilage zu Göschen's Deutsche Klinik, 24. Januar 1874, Nr. 1.

    (*P. Niemeyer.* Théorie et pratique de la ventilation et du chauffage en général, puis du chauffage et de l'aérage des voitures de chemins de fer et des salles d'attente en particulier. Bulletin mensuel de statistique médicale et d'hygiène publique. Annexe à La clinique allemande de Göschen, 24 Janvier 1874, Nr. 1.)

57. *Kraus und Fillenbaum.* Der Sanitätspavillon auf der Wiener Weltausstellung. Streffleur's österreichische

militärische Zeitschrift, XV. Jahrgang, II. Heft (Februar), Wien 1874.

> (*Kraus et Fillenbaum.* Le pavillon sanitaire à l'Exposition Universelle de Vienne. Gazette militaire autrichienne de Streffleur, XV. année, cah. II [Février], Vienne 1874.)

58. *F. Mühlvenzel.* Das Militär-Sanitätswesen und die freiwillige Hilfe im Kriege auf der Wiener Weltausstellung 1873. Organ des Wiener militär-wissenschaftlichen Vereines, VIII. Band, I. Heft, Wien 1874.

> (*F. Mühlvenzel.* La santé militaire et le secours volontaire en temps de guerre à l'Exposition Universelle de Vienne en 1873. Organe de la société des sciences militaires, tome VIII, cah. I, Vienne 1874.

Nonobstant que les ouvrages désignés ci-dessus contiennent pour la plupart des faits intéressants, ceux qui ont paru avant la guerre de 1870—1871 n'ont plus qu'une valeur purement historique. Parmi les ouvrages traitant des expériences faites sur les trains d'ambulance pendant la dernière guerre, je crois devoir relever ceux de *Virchow* (Nr. 18), *Sigel* (Nr. 26), *Wasserfuhr* (Nr. 27), *Simon* (Nr. 28), *Peltzer* (Nr. 32), *Hirschberg* (Nr. 37), *Chemin de fer de Basse-Silésie à la Marche* (Nr. 48), *Schmidt* (Nr. 50), *Bonnefond* (Nr. 52) comme absolument indispensables à ceux qui voudront à l'avenir composer un travail sur les trains d'ambulance, ou qui auront à s'en occuper en pratique.

J'avais d'abord l'intention de faire imprimer, comme supplément à mon ouvrage, les instructions militaires officielles sur le transport des blessés par les chemins de fer, en vigueur en Prusse, en Autriche et en Suisse (dans les autres pays il n'en existe pas encore); mais j'ai trouvé que, suivant la manière de voir qui prévaut actuellement dans cette matière, ces instructions doivent paraître, pour ainsi dire, préhistoriques; je me suis donc borné à les citer pour mémoire.

Supplément.

Instruction für den Transport der Truppen und des Armee-
materials auf Eisenbahnen. Hierzu ein Anhang, ent-
haltend: Anleitung zur Ausführung der Beförderung
verwundeter und kranker Militärs auf Eisenbahnen.
Berlin 1861, bei R. Decker.

(Instructions pour le transport des troupes et du matériel de l'armée sur les chemins de fer. Avec un Supplément contenant
un Enseignement sur la manière de transporter les militaires
blessés et malades sur les chemins de fer. Berlin 1861, chez
R. Decker.)

Reglement über den Transport der Verwundeten und
Kranken (Beschluss des schweizerischen Bundes-
rathes vom 18. September 1869).

(Réglement concernant le transport des blessés et des malades
[Arrêté du Conseil fédéral suisse du 18 Septembre 1869].)

Vorschrift für den Militärtransport auf Eisenbahnen.
Wien, k. k. Hof- und Staatsdruckerei 1870.

(Instruction sur les transports militaires sur les chemin de fer.
Vienne, imprimerie imp. et royale de l'Etat 1870.)

Instruction, betreffend das Etappen- und Eisenbahnwesen
und die obere Leitung des Feld-Intendantur-, Feld-
Sanitäts-, Militär-Telegraphen- und Feldpostwesens
im Kriege. Berlin bei R. v. Decker, 1872.

(Instruction concernant le service des étapes et de chemins de fer,
et la direction supérieure du service de l'Intendance, de la
Santé, des télégraphes et des postes militaires en temps de
guerre. Berlin, chez R. Decker, 1872.)

Entwurf zur Organisation des eidgenössischen Militär-Sanitätswesens. Bericht der divisionsärztlichen Conferenz (gehalten in Bern vom 11.—14. October 1871) an das schweizerische Militär-Departement. Basel 1872, pag. 12 und 39.

(Projet d'organisation du service de la Santé militaire de la Suisse. Compte rendu de la Conférence des Médecins de division (tenue à Berne du 11 au 14 Octobre 1871) au Département militaire fédéral. Bâle 1872, pages 12 et 39.)

Leitfaden zum fachtechnischen Unterrichte des k. k. Sanitäts-Hilfspersonales. Wien, k. k. Hof- und Staatsdruckerei 1873.

(Guide pour l'enseignement technique du personnel auxiliaire imp. et royal de Santé militaire. Vienne, imprimerie imp. et royale de l'Etat, 1873.)

Pour éviter la reproduction fastidieuse du titre complet des ouvrages auxquels je me réfère dans le texte, je les ai désignés par les N^{os} d'ordre qu'ils portent sur la liste.

INTRODUCTION.

Il y a environ 40 ans qu'on a commencé à construire les premiers chemins de fer en Europe; aujourd'hui le réseau de rails tient le vieux continent si étroitement serré qu'on dirait qu'il est crevassé de toutes parts comme un vieux pot, et qu'il y a danger de le voir, sans cette étreinte, tomber en pièces.

Depuis, nous avons été témoins de six grandes guerres en Europe: les guerres de révolution en Hongrie, en Italie, au grandduché de Bade, au Holstein, de 1848 à 1850; la guerre de Crimée en 1855; d'Italie en 1859; du Danemark en 1864; d'Allemagne-Autriche-Italie en 1866: et la guerre franco-allemande en 1870—1871, mais ce n'est que pendant l'avant-dernière de ces tueries en masse pour causes politiques qu'on a commencé à régler systématiquement le transport des armées et de leur matériel par les chemins de fer, et ce n'est qu'à la fin du dernier massacre de peuples que nous voyons les premiers arrangements réguliers pour le transport sur les chemins de fer des combattants malades et blessés. Ce phénomène doit, à première vue, paraître étrange, car les trains d'ambulance qui ont rendu des services si extraordinaires en 1870 et 1871, auraient pu exister et fonctionner tout aussi bien en 1859 et 1866. On peut cependant trouver des causes qui expliquent cette différence. D'abord, les populations européennes s'étaient assez déshabituées de pensées de guerre; par conséquent les soins à donner aux blessés se présentaient à l'esprit comme une chose très-éloignée. Depuis l'an 1815 jusqu'en 1848 la paix avait regné en Europe presque sans interruption; la tradition immédiate des misères et des suites funestes qui accompagnent une guerre, se trouvait interrompue; la source principale qui donne au peuple l'impulsion pour participer aux secours à apporter aux blessés, c'est à dire la vue immédiate du prochain souffrant et la pitié excitée par cette vue avait manqué de nourriture depuis longtemps; une génération nouvelle qui avait bien, dans son enfance, entendu ça et là les recits de guerre de ces grands pères, avait succédé aux anciens, mais la plupart ne connaissait la guerre que par les histoires écrites dans les livres. Ainsi, l'intérêt que prenait la population à la guerre — sauf les militaires — était plutôt fantaisiste et historique que réel.

Il a fallu que la franche brutalité de l'anéantissement systématique des hommes, la chasse à l'homme par patriotisme, fut mise de nouveau sous les yeux des peuples pour qu'ils apprennent à s'intéresser pour les victimes des batailles; il a fallu que les chefs d'armée et les souverains eux-mêmes conçussent *de visu* le sentiment des maux engendrés par la guerre, pour qu'ils prennent un intérêt nouveau à leur soulagement. Cette fois encore la guerre se montrait, comme jadis, grand promoteur de l'humanité. — Ajoutons que les premières guerres de la génération actuelle ont été courtes et que le succès des armes absorbait tout autre intérêt; d'ailleurs on aimait à croire de chaque guerre qu'elle serait la dernière pendant notre vie, de là beaucoup de choses restèrent dans l'ancienne ornière. Puis la manière de faire la guerre a aussi considérablement changé; le nombre de troupes qui se rencontrent mutuellement avec des armes perfectionnées dépasse de beaucoup celui des anciennes guerres; les batailles se décident plus rapidement et la masse de blessés et de tués d'une journée est beaucoup plus forte que jamais.

Il s'agissait donc d'inventer de nouvelles méthodes pour prendre soin des blessés autant que possible. Comme il arrive en pareil cas on commença d'abord par des expériences, des improvisations, par l'examen des propositions nouvelles. Les meilleures intentions des hommes dévoués se trouvaient souvent paralysées par l'opposition routinière, la méfiance contre les innovations, les difficultés à surmonter pour encadrer ces innovations dans les anciennes formes; puis, à peine un système avait-il pris racine que la guerre était terminée; alors tout retombait pour un certain temps dans l'ancien état! Le monde était rendu à la paix, pourquoi alors se mettrait-on en peine pour des objets qui ne semblaient plus avoir un intérêt réel!

C'était là à peu près le courant d'idées sur le transport des blessés et les soins à leur donner qui régnait

pendant ces dernières décades. Les guerres de 1866 et
de 1870—1871 ont les premières fourni le motif pour
que les résultats terribles des batailles modernes quant
aux blessés soient pris en sérieuse considération; l'en-
tassement des blessés dans de petites localités; l'extension
rapide des épidémies qui a lieu en pareilles circonstances;
l'impossibilité du secours par suite de l'absence de toutes
conditions hygiéniques et matérielles qui s'était dejà
manifestée par des conséquences très-graves pendant la
guerre de Crimée (1855) et celle d'Italie (1859). Mais
la Crimée est située loin du coeur de l'Europe et du
fond de son égoisme, le monde se disait tout bour-
geoisement:

> „Ah quel plaisir, en vidant son verre
> Aux jours de repos, avec ses bons amis,
> Lorsque loin là bas, dans la Turquie
> Les peuples s'entre-égorgent, *causer* de guerre“ [1]).

Magenta, Solférino, Villafranca venaient si rapidement coup sur coup que l'intérêt, à peine excité, fut
aussitôt éteint.

La guerre du Danemark (1864) avait des dimensions trop restreintes pour exercer une influence mar-
quante sur le transport des blessés par les chemins
de fer.

Les nombreuses batailles se succédant rapidement
en Bohême, en Allemagne et en Italie (1866), accom-
pagnées du choléra et d'épidémies typhoïdes, ont a

---

[1]) *Goethe*, Faust.

leur tour passé vite, mais les squelettes des tués, des
morts et des malheureux, dépéris faute de secours éten-
daient encore longtemps après leurs bras osseux hors de
leurs tombes, et qui sait si ces ossements n'ont pas ap-
paru quelquefois dans les rêves de certains metteurs en
scène du carnage. Une chose nous est restée toutefois
pour consolation: c'est que depuis cette époque les Etats
aussi bien que les Sociétés formées pendant cette guerre,
commençaient à déployer une activité beaucoup plus vive
dans le domaine de l'assistance aux militaires malades
et blessés à la guerre, activité dont les résultats bien-
faisants se manifestaient déjà au commencement de la
guerre de 1870 et redoublaient progressivement jusqu'au
delà de la conclusion de la paix.

En faisant suivre ici un précis historique du transport des malades et blessés avec un aperçu critique des
résultats obtenus dans ce domaine jusqu'à nos jours, je
dois relever tout d'abord que je me suis attaché exclusivement à la partie technique, chirurgicale et hygié-
nique en laissant de côte la partie humanitaire resplen-
dissant dans les services rendus par des particulièrs, les
associations ou les Etats. Ce n'est pas ici ma tâche de
raconter les efforts et les sacrifices faits avec tant de
bonne volonté et d'après ce qu'on jugeait le meilleur
plan dans les circonstances données; ces actes sont in-
scrits en caractères de bronze dans l'histoire de l'humanité: ils n'ont pas besoin de ma faible plume pour
être constatés et transmis à la postérité.

Une sobre critique de ce qui était en usage et mis en pratique jusqu'à présent, n'ayant en vue que son objet, formera ici, comme partout dans le domaine de la science et de l'art, la base sur laquélle on aura à établir le Nouveau et le Meilleur; chercher cette base, voilà la tâche que je me suis proposée dans mon ouvrage.

Précis historique.

A l'époque des dernières guerres de révolution (1848 à 1850) le nombre des chemins de fer à proximité des champs de bataille était trop insignifiant pour que l'on pût songer à leur utilisation dans un but militaire; si cela arrivait quelque part, c'était un cas isolé et exceptionnel. Les premiers transport de blessés un peu considérables ont eu lieu pendant la guérre de Crimée sur le chemin de fer construit entre Sebastopol et Balaclava. Les soldats blessés sous les murs de Sebastopol furent placés dans des wagons à marchandises dont le fond reçut d'abord une couche de paille, et transportés à Balaclava. Là on fit rester les uns, et on transporta les autres plus loin par des bateaux à vapeurs.

Une voiture à marchandises spécialement agencée pour le transport des soldats tombés malades ou blessés par accident du camp de Châlons faisait service entre ce camp et la ville de Châlons. Ce wagon d'ambulance arrangé d'après les instructions de M. *Larrey* en 1857[1]) mérite d'être cité comme le premier dans son genre quelque incomplet qu'il fut et quelque courte que

---

[1]) *Longmore* Nr. 14, page 452.

fut la distance qu'il avait à traverser journellement,
puisque le camp n'était éloigné de la ville que de deux
lieues allemandes (7 à 8 milles anglais).

Dans ce wagon il y avait de la place pour 5 banquettes chacune pour 5 malades assis. Pour accommoder
les malades couchés on mettait à la place d'une banquette un gros matelas ou un brancard avec matelas,
qui fut chargé sur le wagon avec le malade couché dessus
pour y rester jusqu'au terme du parcours. A Châlons
il fut déchargé avec le brancard et transféré au grand
hôpital militaire.

Il doit paraître étonnant que la somme d'observations utiles que l'on pouvait recueillir ici en petit pour
en déduire et fixer plusieurs principes importants, n'ait
pas été utilisée en grand. Il est vrai qu'après les batailles de Magenta et de Solférino, en 1859, les trois
puissances belligérantes ont fait assez souvent servir les
chemins de fer à la dispersion des blessés, mais cela
eut lieu de la manière la plus imparfaite et fréquemment sans doute au grand détriment des blessés. La
plupart du temps on les chargea dans des voitures à
marchandises sur une mince couche de paille; le cas
était très-rare où l'on put se procurer un matelas ou
une paire d'oreillers pour coucher les grièvement blessés.

Dans une dissertation sur la salubrité des hôpitaux[1]), M. *Larrey* fait ressortir à plusieurs reprises,

---

[1]) Bulletin de l'académie impériale de médecine Tome XXVII,
page 415.

combien il avait été important et salutaire qu'on aît pu
utiliser les chemins de fer pour la dispersion des malades
et des blessés et l'évacuation des ambulances encombrées, mais il ne fournit pas des détails sur la manière
dont on a fait ce transport. Il résulte cependant de ses
communications que les blessés et les malades restaient
tous dans l'Italie du Nord; donc, la durée des transports
était courte suivant nos idées et nos prétentions actuelles,
elle aura rarement dépassé une demi-journée, ou une
journée au plus, de sorte que le placement des malades
sur de la paille dans les wagons était jugé suffisant,
voire même commode en temps de guerre.

La première impulsion dans le sens d'un traitement systématique de la question du transport des grième-
ment blessés sur les chemins de fer, fondé sur des expériences scientifiques fut donnée par un ouvrage de
M. *Gurlt*[1]) préconisant l'emploi des voitures à marchandises, la suspension des blessés dans des hamacs, et in-
diquant des méthodes pour improviser rapidement des
aménagements convenables en cas de guerre. Ce petit
traité fixa l'attention du ministère de la guerre prussien
et eut pour effet l'institution d'une commission chargée
d'approfondir le sujet. Elle était composée d'un médecin
(M. *Stumpf*, médecin principal de l'armée), un fonction-
naire d'administration (M. *Glogau*, conseiller intime de
guerre) et un ingénieur de chemin de fer (M. *Malberg*,
conseiller de régence). La commission arriva à la con-

---

[1]) Nr. 1.

clusión que le toit de la plupart des voitures à marchandises était d'une part trop faible pour y appliquer des clous à crochet assez forts pour y suspendre avec sécurité plusieurs hamacs, que d'autre part les oscillations de ces hamacs étaient tellement fortes pendant le roulage de la voiture que les hommes couchés dedans couraient nonseulement le danger de se heurter contre les parois mais encore d'être pris bientôt de mal de mer. La Commission s'arrêta finalement à la proposition de faire charger, transporter et décharger les blessés couchés sur des paillasses épaisses munies à cet effet de lacets par lesquels on passerait des barres à porteurs. Ce système fut adopté par le ministère de la guerre et reçut la sanction officielle par un arrêté du ministère de la guerre en 1861. Cet arrêté est important comme fait historique, parceque c'était la première manifestation officielle par laquelle un gouvernement reconnaissait l'importance du transport des blessés par les chemins de fer en donnant au problème une solution pratique.

Bien que l'expérience acquise pendant la guerre de sécession en Amérique (1861—1865) soit restée presque sans aucune suite pour les guerres en Europe des années 1864 et 1866, nous sommes obligés par égard à l'ordre chronologique, d'en dire un mot dès à présent. Pendant les premières années de la guerre d'Amerique le procédé suivi à l'égard des blessés sur les chemins de fer était exactement le même qu'en Europe, ce n'était que pendant les années 1864 et 1865 que le Docteur *Harris* commença à aménager un nombre de voitures à voya-

geurs spécialement pour le transport des. blessés. Ces
voitures auraient pu faire sans doute, en cas de besoin,
des parcours plus longs, mais elles furent rarement employées pour des voyages dépassant six heures de chemin [1]).
Ces voitures d'ambulance pouvaient recevoir 30 blessés
couchés sur des lits matelassés soit fixes, soit suspendus
dans des anneaux de caoutchouc ou des courroies, et il
restait un certain espace pour les médecins, les infirmiers
et les cordiaux. La lumière entrait dans l'intérieur de
la voiture en partie par des fenêtres latérales, et en partie
par des lanterneaux ménagés sur le toit, comme dans les
baraques américaines; ces lanterneaux servaient aussi à
regler la ventilation. Les portes se trouvaient aux deux
bouts de la voiture. Tout train de chemin de fer qui
passait, était tenu, sur réquisition d'attacher ces voitures
d'ambulance [2]).

---

[1]) Conferences Nr. 9. I, page 85.

[2]) J'ai pris beaucoup de peine pour me procurer, par l'examen
des ouvrages américains sur les voitures d'ambulance, des
renseignements précis sur les détails de leur aménagement intérieur, notamment pour constater dans l'ordre historique ce
qui était nouveau dans les voitures d'ambulance postérieure-
ment construites en Europe, et savoir à qui attribuer la prio-
rité de telle invention ou tel perfectionnement. Malgré mes
recherches je n'ai pas réussi à trouver les moindres indications
par exemple sur la largeur et le mode de construction des
brancards-lits, la largeur des portes, la hauteur et la largeur
des lanterneaux etc.; chez les auteurs américains ces données
sont supposées connues, et M. *Esmarch* (Nr. 13) a réuni tout
ce qui est venu, là dessus, à la notoriété publique, de sorte
qu'il ne vaut pas la peine de se reporter aux descriptions
antérieures de ces voitures americaines. Je n'ai pas trouvé

L'immense progrès réalisé par l'introduction des voitures d'ambulance pour le transport des blessés ne parvint à la connaissance générale des médecins et chirurgiens militaires qu'au commencement de l'an 1866, par la circulaire publiée à la fin de 1865, qui a produit une grande sensation au sein de tous les corps de chirurgiens en Europe. On en tira avant tout cet enseignement que les principes d'utilité pratique se faisaient promptement jour, en dépit de toutes autres considérations, dans un pays vierge de traditions d'une armée permanente; puis, la longue durée de la guerre avec ses interruptions répétées a dû essentiellement contribuer à ce qu'on sortît des expédients et des improvisations, et qu'après beaucoup de tâtonnements on arrivât enfin à des principes et des mesures administratives fixes pour la guerre devenue presque permanente, et pour le transport des blessés. Nous ne souhaitons pas pour cela que les guerres aient une longue durée, mais il est dans la nature des choses qu'en guerre aussi, comme en toutes affaires techniques, la pratique fasse le maître.

La littérature ne contient pas des renseignements sur le transport des blessés par les chemins de fer pendant la guerre du Danemark (1864); il n'y a pas lieu à pré-

---

des renseignements exacts pour savoir si la ventilation et le chauffage étaient suffisants dans ces voitures fortement encombrées; toutes les descriptions y relatives sont si brèves et tellement limitées aux généralités qu'il est impossible de se former une opinion juste quant à la suffisance de ces aménagements mis en face avec les conditions que nous exigeons aujourd'hui pour les voitures et les trains d'ambulance.

sumer qu'on y ait accompli quelquechose de méritoire,
vu que l'état des choses était encore bien désolant plus
tard lors des évacuations prussiennes des ambulances de
Bohême (1866), comme il appert du récit suivant de
M. *Rose*[1]):

„Toutes les ambulances avaient reçu l'instruction
d'évacuer autant que possible tous les blessés aux ambulances d'étapes; on enleva avec les meilleurs soins pos-
sibles les blessés saffaiblis qui nous tenaient au coeur par
les soins mêmes qu'on leur avait prodigués depuis longtemps, pour les transporter du pauvre hameau à la station
du chemin de fer regorgeant soidisant de dons chari-
tables de toute espèce, et arrivé là, on ne trouva rien
de préparé. Rien, si ce n'est du vin rouge envoyé du
pays natal par les compatriotes. Il y avait toujours
manque de wagons, et de paille. Quant aux matelas
pour coucher dessus ces pauvres gens avec leurs os fra-
cassés, il n'en était pas question. Des officiers grièvement blessés étaient placés dans des voitures à marchandises dans lesquelles on venait de transporter des chevaux
et où l'odeur animale rivalisait avec la vapeur du chlore
pour rendre le séjour à l'intérieur impossible. Le train
devait partir; en dépit des juremens et des imprécations
qui se croisaient de toutes parts, on avait obtenu quelques
modifications pour le mieux, mais le pire était encore en
réserve. Soit que les roues des voitures étaient trop
usées, soit pour toute autre cause, les wagons commen-

---

[1]) *Rose* Nr. 16, page 35.

çaient à branler et à cahoter d'une manière que moi qui
étais bien portant, j'avais de la peine à me tenir sur la
caisse qui me servait de siège. Une carafe d'eau à fond
large était placée sur le plancher au milieu de la voiture; elle fut renversée devant nos yeux par les chocs
et inonda sous ses débris le plancher de long en large.
Le train poursuivit sa route sans s'arrêter jusqu'à Zittau
et à Görlitz, mais peu de ses passagers pouvaient aller
plus loin. Mon capitaine était forcé de se reposer pendant trois jours pour reprendre ses forces. Et ces tour-
mens, comparables au feu du purgatoire, qui duraient à
travers les montagnes *des Géants* du côté de Reichen-
berg, tous nos grièvement blessés avec leurs os fracturés
ont été forcés de les subir!"

La même chose arrivait probablement à la plupart
des autres transports de blessés en 1866, même en ad-
mettant qu'en certains endroits plus favorablement situés,
les blessés étaient un peu mieux placés, soit sur des
matelas, soit sur des couches de paille plus épaisses. —
Le chemin de fer du Nord autrichien [1]) est le seul où
nous trouvons des voitures à marchandises adaptées spécialement au transport des grièvement blessés. Seize
poteaux fixés à l'intérieur du wagon portaient huit brancards suspendus sur des courroies où les blessés se trouvaient bien placés et garantis des chocs latéraux par des
coussins appliqués de côté. Je ne trouve pas des rapports détaillés sur l'étendue qu'avait pris l'emploi de ces

---

[1]) *Gurlt* Nr. 11, Description, page 5.

wagons ni sur les résultats de leur service et je n'ai pas réussi à me procurer là dessus des renseignements particuliers. Quoiqu'il en soit, ces wagons à marchandises autrichiens sont en tout cas les premières voitures d'ambulance préparées ad hoc, qu'on ait créées et employées sur le continent depuis le premier essai fait dans ce sens par M. *Larrey* [1]).

Un progrès extraordinairement réjouissant fut accompli dans ce domaine lors de l'Exposition Universelle de Paris en 1867. Bien que le pavillon renfermant l'exposition des objets destinés au transport et au traitement des blessés ne fut pas vaste, le Congrès international se rattachant à cette partie de l'exposition universelle [2]) excita un intérêt général et un grand nombre de gouvernements et de sociétés y envoya des représentants. On doit regarder comme appartenant à cette époque les efforts faits par M. *Esmarch* pour introduire en Europe le système américain, ainsi que le grand ouvrage de M. *Gurlt* publié en 1868, dont la tendance se rattachait essentiellement aux objets exposés à Paris.

Les séances du Congrès où l'on traitait la question du transport des blessés par les chemins de fer étaient présidées par M. le professeur *Mundy*. Parmi ceux qui ont pris part aux discussions en traitant à fond la question principale, je nommerai MM. *Mundy* (Autriche), le Professeur Dr. *Gurlt* (Prusse), *Fischer*, fabricant (Grand-

---

[1]) page 6.
[2]) Nr. 9.

Duché de Bade), le Dr. *Chenu* (France), le Comte *Bréda*, le Comte *Sérurier* (France), le Dr. *Gauvin* (France), le Baron *Larrey* (France), le Baron *Loewenthal* (Autriche), le Dr. *Crane* (Etats-Unis). — Toutefois, les membres de la Conférence ne se bornaient pas à la simple discussion du sujet, ils firent encore des essais pratiques en quoi ils trouvèrent des facilités grâce à l'obligeance de la Compagnie du Chemin de fer de l'Ouest qui mit à leur disposition des voitures de voyageurs de 2de et de 3me classe ainsi que des wagons à marchandises.

Le résultat de ces essais institués avec les brancards à ressort de M. *Fischer* et ceux du Dr. *Gauvin*, puis avec des couches de paille et des paillasses, prouva que le coucher sur les brancards à ressort était le plus agréable, toutefois le maniement de ces brancards et leur chargement et déchargement laissaient encore beaucoup à désirer. A cette occasion on vit déjà percer des idées et des propositions tendant vers l'organisation de trains d'ambulance, mais la possibilité d'obtenir des administrations des chemins de fer des changements dans la largeur des portes etc., puis des moyens qui permettent de nourrir les blessés pendant le trajet dans le train même moyennant certains aménagements apparaissait encore comme un beau idéal inaccessible. C'est extrèmement intéressant de comparer le catalogue de cette section de l'Exposition universelle de Paris et les débats du Congrès assemblé alors avec le catalogue du pavillon sanitaire de l'exposition de Vienne et les discussions de la Conférence privée tenue dans ce pavillon. On voit d'un coup combien les expériences et les exigences se sont accrues dans ce domaine humanitaire, et quel progrès on a fait depuis ce temps. Les débats du Congrès de 1867 n'ont pas abouti à une conclusion satisfaisante, car non-obstant la haute appréciation des parfaites conditions que présentait le modèle d'un wagon d'ambulance américain exposé par le Dr. *Evans,* il y avait, même parmi les chirurgiens experimentés dans les guerres, plusieurs qui se prononçaient vivement contre ce système [1]). Quant aux membres du Congrès, délégués des gouvernements pour la plupart, ils ne voulaient pas se départir du principe, suivant lequel il ne fallait utiliser que des wagons tels qu'on les avait, ils ne voyaient donc pas de moyen d'utiliser dans nos circonstances en Europe les plus grands avantages des wagons américains (portes de bout, lanterneaux).

A peu près à la même époque où ce congrès siegeait à Paris, le premier pas fut fait par M. *Esmarch* pour introduir en Europe le système américain. En effet, comme l'enquête officielle sur la santé militaire venait d'être convoquée à Berlin pour les Pâques de 1867 il usa toute son influence pour faire accepter sa proposition tendant à faire employer éventuellement au service de transport des blessés les wagons à voyageurs de 4me classe que l'on voulait alors introduire.

Cette proposition ayant été écartée comme une utopie par les sphères officielles, M. *Esmarch* se tourna

---

[1]) *Rose* Nr. 16, pag. 41.

d'abord vers M. *v. Unruh*, directeur de la Société berlinoise du matériel des chemins de fer qui a extrémement bien mérité de cette affaire par son franc accueil de la proposition, en déclarant[1] „qu'il n'y existait aucune difficulté particulière, et que l'excédant de dépense ne serait pas grand si, en construisant à neuf des wagons de 4me classe, on les aménageait de manière à pouvoir servir immédiatement en temps de guerre comme wagons d'ambulance du système américain".

Ces wagons reposent sur des ressorts analogues à ceux des autres wagons de voyageurs; ils sont de la même grandeur que les wagons de 3me classe, seulement ils n'ont pas de coupés, mais en revanche ils ont deux portes de bout et des fenêtres latérales; l'intérieur présente un espace vide pour recevoir des personnes debout sur pied, quelques trous d'aérage sont ménagés en haut dans lesquels on suspend la nuit des lanternes.

Ce succès de M. *Esmarch* qu'il a obtenu, grâce à l'appui de Sa Majesté l'Imperatrice *Augusta*, contre mainte opposition officielle[2] est d'une extrème importance notamment parceque c'était le premier cas où une direction de chemin de fer fut appelée à considérer les exigences du transport des blessés dès la construction de nouveaux wagons, c'était une première brèche pratiquée

---

[1] *Esmarch* Nr. 13, page 39.

[2] Voir les détails sur cet incident dans un article écrit par M. *v. Unruh*, inséré dans le premier Supplément de la „Gazette Nationale" (de Berlin) en date du 5 Octobre 1870.

dans un système jusqu'alors invincible en apparence. Le gouvernement prussien prit à cet événement un vif intérêt qu'il témoigna en nommant un commission pour examiner les nouveaux projets sous la présidence du général *v. Stosch*, directeur du département des subsistances militaires; un voyage d'essai exécuté le 18 Septembre 1867 [1]) dissipa tous les doutes sur cette innovation qui fut alors approuvée et recommandée pour la prochaine guerre éventuelle. — Je dois relever que l'activité comblée de succès extraordinaire des médecins militaires et civils pendant les années de guerre de 1864 et 1866 a considérablement contribuée à relever l'autorité des chirurgiens éminents dans l'armée allemande; ces guerres ont fait tomber, en effet, les barrières presque insurmontables qui existaient jusqu'alors entre les militaires d'une part et les médecins militaires ou civils et le personnel technique et administratif de l'autre. En temps de nécessité commune les hommes vaillants de tout état se retrouvent plus facilement lorsqu'il s'agit d'atteindre un grand but commun.

C'est à la même époque (sinon un peu avant) [2]) que nous voyons, indépendemment de l'activité de M. *Esmarch* à Berlin, les efforts que fit M. *v. Fichte* à Stuttgart pour obtenir l'aménagement des voitures de voyageurs wurtembergeoises pour servir d'ambulances roulantes; comme *Esmarch* il prépara les esprits à la

---

[1]) *Löffler* Nr. 15, page 249.

[2]) *Gurlt* Nr. 17, page 116. — Nr. 34, page 45.

conviction que le transport des blessés sur les chemins de fer devait être ménagé dans de meilleures conditions qu'auparavant; ses efforts dans l'Allemagne du Sud ont été couronnés plus tôt que ceux d'*Esmarch* en Prusse, et d'un succès plus brillant, vu que le dernier avait à combattre une opposition plus obstinée.

En Prusse on revint à essayer un nouveau système de couchers pour les blessés qui fut très favorablement jugé par une commission officielle convoqué en date du 13 Août 1868[1]) savoir le coucher sur brancards à ressorts feuillus, système *Grund*. Ce système est provisoirement adopté par la Bavière et la Suisse, la Prusse au contraire ne l'a jamais employé en grand. Nous y reviendrons plus tard.

Dans son grand Atlas[2]) publié en 1868, M. *Gurlt* a réuni tout ce qui était connu jusque là dans le domaine du transport des blessés; ses dessins exécutés, par ordre du Comte *v. Itzenplitz* alors ministre du commerce et de l'industrie de Prusse, par un artisan éminent M. *Grund* maître machiniste déjà nommé, présentent le grand avantage d'une réduction d'échelle très exacte et d'un dessin tellement détaillé que le constructeur peut travailler là dessus sans autre modèle.

Les 4 premières planches expliquent les systèmes de couchage des blessés dans les wagons de chemin de fer jusqu'alors connus; elles portent comme entête les

---

[1]) *Löffler* Nr. 15, page 251.
[2]) Nr. 11.

titrés. 1. Transport de grièvement blessés en voitures à marchandises couvertes, à l'aide de poteaux de suspension et de brancards suspendus de *Fischer & Co.* de Heidelberg. 2. Transport de grièvement blessés en voitures à marchandises de chemin de fer à l'aide de poteaux de suspension, Construction de la Société du matériel des chemins de fer de Berlin. 3. Installations pour servir au transport des blessés en voitures à marchandises de chemin de fer, telles que l'administration du Chemin de fer du Nord autrichien les a fait exécuter l'an 1866. 4. Voitures de chemin de fer de 4me classe (sans sièges) installées pour le transport des blessés par la Société du matériel des chemins de fer de Berlin. 5. Transport des blessés sur les chemins de fer d'Amérique.

Ainsi, le transport des blessés était devenu une question de plus en plus populaire pendant les années 1867 et 1868 grâce à la parole énoncée, aux descriptions imprimées et aux reproductions graphiques. Les gouvernements, les sociétés, les chirurgiens, les artisans techniques avaient attiré l'objet dans la sphère de leur activité et de leurs réflexions; de sorte que le champ était bien préparé en Allemagne du côté intellectuel, lorsque la guerre inévitable de 1870—1871 éclata. C'est pendant son cours que les blessés avaient l'occasion de récolter les fruits des travaux dont je viens de parler.

Mais à mesure que la guerre prit des dimensions et une durée qu'on n'avait pas imaginées, les efforts des autorités militaires et des sociétés privées se développaient à leur tour avec une énergie et une persévérance jusqu'-

alors inconnues. On se vit en face de problèmes entièrement nouveaux; le Bon fit disparaître le Mauvais; le
Meilleur prit la place du Bon. Le *transport en masse
de grièvement blessés à de grandes distances, telles que
l'on ne les avait jamais prévues avant* [1]), *constituait une
tâche toute nouvelle;* peu à peu on fit parcourir aux
blessés la moitié de l'Europe. En Amérique on avait
employé des wagons isolés, installés en guise d'ambulance,
lesquels roulaient pendant une demi-journée tout au plus;
maintenant il fallait réunir un grand nombre de ces
wagons à l'instar des salles d'un hôpital, et les blessés
et malades devaient rester éventuellement pendant une
semaine et au-delà sans bouger des wagons. C'est ainsi
que *les trains d'ambulance allemands ont commencé;
c'était une création toute nouvelle.* Jusque là toutes les
améliorations concernant le transport des blessés en wagons de chemin de fer s'étaient concentrées sur le chargement et déchargement et le coucher des malades et
blessés; même la lumière et l'air dans les wagons étaient
peu considérés, vu que le trajet était court et qu'on le
regardait comme une nécessité pénible pour les blessés
mais passagère.

Maintenant d'autres besoins se faisaient sentir.
Traitement professionnel, service, nourriture pour 200
grièvement blessés et plus dans un seul et même train
chauffage des wagons, communication entre ces derniers,

---

[1]) Le trajet du 25me train d'ambulance bavarois dura 3 semaines,
Hirschberg Nr. 37, page 44.

trajet rapide, recherche et distribution convenable des blessés dans le pays, points de départ et d'arrivée fixes etc. etc.
tout cela constituait des points de mire nouveaux pour
lesquels l'expérience faisait défaut. Les trains d'ambulance montés au complet pour de longs trajets, que nous
avons vus fonctionner vers la fin de la guerre en 1871
n'ont reçu que peu à peu leur forme définitive. Les
premiers trains de ce genre qui ont traversé Wissembourg étaient encore assez primitifs quant à leurs arrangements économiques et administratifs; les blessés furent
même pour la plupart pendant les premiers mois de la
guerre presqu'aussi mal transportés que ceux de 1866
d'après la description faite par M. *Rose*[1]).

En Bavière, une ordonnance du ministère de la
guerre en date du 18 Juillet 1870 préscrivait déjà la
formation de trains sanitaires[2]).

Le premier train partit sous les ordres du capitaine
Rudhart, Chef-Médecin le professor *Ranke*, le 7 Août
pour Wissembourg; le 13 Août il amena 560 blessés à
Munich.

Le jour de la bataille de Wissembourg (4 Août)
un train monté de lits suspendus et de brancards *Lipowsky* était en attente à Carlsruh pour partir le même
soir par Maxau à Wissembourg; malheureusement le
passage était complètement barré[3]), de sorte que ce train

---

[1]) Voir le passage cité de l'ouvrage de *Rose*, page 23.

[2]) *Hirschberg* Nr. 37, page 8.

[3]) Nr. 35, page 65.

n'a pu être mis en action qu'un des jours suivants, et par ce contre-temps le grand duché de Bade fut privé de la gloire d'avoir amené le premier train d'ambulance sur le champ de bataille.

Le Wurtembergeois envoyèrent le 16 Août leur premier train d'ambulance, monté d'après les excellentes dispositions de M. *v. Fichte* à Wissembourg; 5 jours après ils ramenèrent les premiers 117 grièvement blessés dans les ambulances sédentaires de leur pays[1]).

En Prusse, M. *v. Hoenika* a été le premier qui établit un train d'ambulance par des moyens privés; le 11 Septembre 1870 il ramena en 7 wagons 37 grièvement blessés couchés sur des lits de Novéant à Berlin[2]).

Animé par ce précédent, M. *Virchow* disposa la composition d'un train d'ambulance entièrement dans les principes préconisés par M. *Esmarch* aux frais de la Société de secours de Berlin. Ce train partit de Berlin le 2 Octobre 1870 et y retourna le 13 du même mois.

Le premier train d'ambulance hambourgeois-système *Hennike* (lits suspendus dans des voitures à marchandises fixés au moyen de crampons) partit le 22 Novembre 1870.

Ce n'est qu'au mois de Janvier 1871 que le ministère de la guerre de Prusse prit courage, après avoir commandé déjà au mois d'Août 1870 3000 anneaux de caoutchouc ayant à sa disposition à la même époqué 240 wagons de 4ᵐᵉ classe, pour se décider à la composition

---

[1]) *Sigel* Nr. 26, supplément G.
[2]) *v. Hoenika* Nr. 20, page 32.

de trains d'ambulance d'après le système *Esmarch*, et suivre ainsi peu à peu les améliorations réalisées et éprouvées déjà par des particuliers et des Sociétés. L'entreprise de ces 9 trains sanitaires officiels échut à la direction royale du chemin de fer de Basse-Silésie à la Marche siégeant à Francfort sur l'Oder, laquelle ne manqua pas de résoudre le problème d'une excellente manière. Elle a exposé plusieurs modèles de ces wagons au pavillon sanitaire de l'exposition universelle de Vienne. (Nr. 48, page 1.) *Le pamphlet que ladite direction a fait publier (Nr. 48) contient les seules données officielles qui existent jusqu'à ce jour sur la composition des trains sanitaires prussiens;* quant au réglement y relatif, il n'en a point paru jusqu'à présent. — Il est important de relever, et mes études sur cette question le montrent jusqu'à l'évidence, que ce n'étaient jamais les ingénieurs ni les Sociétés de chemin de fer qui contrariaient l'introduction d'arrangements nouveaux, qu'ils se sont au contraire prêtés avec bonne volonté aux améliorations toutes les fois que des tâches positives leur furent présentées; que c'étaient plutôt les autorités officielles qui reculaient devant tout nouveau travail d'organisation et n'avaient pas le courage de se prononcer en faveur d'un principe nouveau ou ne se sentaient pas de force de le mettre à exécution.

Tout le monde sait ce qui a été accompli pendant les dernières guerres en sacrifices extraordinaires de la part de particuliers, en efforts collectifs des Sociétés, en sollicitude du côté des gouvernements et de hauts et très-hauts personnages. Mais, quelque grand que soit ce résultat, le médecin et le philantrope ne doivent pas s'en contenter. On peut et on doit faire encore davantage, et ce qui sera fait, doit être et sera fait mieux qu'auparavant, car j'ai croyance en ce mot de Sophocle: „Parmi tant de puissances qui existent, l'homme est le plus puissant". Je suis tellement pénétré de cette pensée du plus grand des poètes grecs, et du préssentiment y contenu de la longue durée et du perfectionnement constant du genre humain, que je n'hésite jamais de mesurer les plus grands oeuvres de notre espèce avec la mesure de la plus sevère critique. Ainsi, ce n'est pas l'envie de me livrer à une critique mesquine qui va me guider dans l'appréciation des trains d'ambulance et de leur fonctionnement, c'est purement *la confiance que j'ai en notre aptitude toujours croissante.*

Au point de vue historique je dois encore relever que grâce aux efforts persévérants qu'il n'a pas cessé de faire à Paris pendant le siège de la ville par les Allemands, M. *Mundy* a réussi à convaincre le gouvernement et la Société de secours aux blessés, de la nécessité de réformes à introduire dans le service de transport des blessés sur les chemins de fer, et à réaliser ces réformes autant que le permettaient les circonstances. La guerre terminée, M. *Mundy* incita la Société française de secours aux blessés à envoyer à l'Exposition universelle de Vienne un train d'ambulance complètement monté d'après tous les perfectionnements éprouvés pendant la guerre pour servir de train d'ambulance modèle. Dans ce train nous voyons écartés plusieurs inconvénients inhérents à d'autres trains et plusieurs nouveaux desiderata adoptés. Un train d'ambulance bavarois, un autre venant du Palatinat et une voiture d'ambulance hambourgeoise tous exécutés en travail de première qualité et exprès pour l'Exposition, ont servi pour expliquer les systèmes déjà employés à la guerre et reconnus propres au service.

La Conférence internationale privée examina tous ces trains d'ambulance en pratique, elle discuta à fond les parties les plus essentielles de leur aménagement, et vota des resolutions là dessus à la majorité des voix.

Nous croyons avoir suffisamment traité la partie historique littéraire jusqu'à l'an 1870, et aurons par conséquent à peine le besoin d'y revenir.

Il m'est impossible de constater avec précision l'ordre chronologique d'après lequel les divers systèmes de trains d'ambulance se sont développés pendant la guerre; autant que les années imprimées sur les titres des ouvrages peuvent servir de point d'appui, la liste chronologique du chapître littérature pourra nous guider en quelque sorte. Considérant la proximité de l'époque des installations dont l'invention a eu lieu pendant un si court espace de temps au milieu d'événements si émouvants, le traitement chronologique de la question est à peine possible.

Pour preuve que les défauts des systèmes de trains d'ambulance pratiqués jusqu'à ce jour ne sont pas le produit de la phantaisie de quelques esprits inquiets, épris d'innovations, j'ai mis un poids particulier sur les citations que j'ai tirées de la littérature comme preuves de ces défauts; et je juge utile de le mentionner exprès pour ne pas donner naissance à la supposition comme si, en le faisant, j'aie voulu donner à mon ouvrage un air coquettement savant.

Etudes critiques sur les trains d'ambulance.

Quand on discute au point de vue chirurgico-technique sur le transport des *blessés*[1] et *malades* en campagne, il est bon d'énoncer et de maintenir tout d'abord l'assertion *qu'il n'existe pas jusqu'à présent des wagons de chemin de fer répondant en tous points aux principes les plus importants qu'il est nécessaire de poser pour les salles de malades;* car en effet les wagons d'ambulance sont des salles de malades roulantes. *Partant de ce point de vue, nous sommes forcés de désigner tous les trains d'ambulance employés jusqu'à ce jour, du nom d'expédients sugérés par la nécessité.*

J'ai dit déjà en un autre lieu[2] que le temps de guerre n'est pas propice à l'introduction de réformes radicales, on est alors obligé de faire un usage aussi

---

[1] Pour éviter de rendre l'exposition trop fastidieuse par la répétition des mots „blessés et malades", je ferai observer une fois pour toutes que je n'exclue jamais les hommes tombés malades en campagne, tout en parlant simplement du transport des blessés.

[2] Voir mon discours préliminaire dans les Discussions de la Conférence internationale privée tenue à Vienne.

avantageux que possible des moyens que l'on a à sa disposition. J'ai dit et je le repète ici, que pendant la dernière guerre on a fait et obtenu le mieux que l'on pouvait faire et obtenir dans les circonstances données, je dirai même qu'on a fait du grandiose imprévu. Mais en ma qualité de médecin, je dis que cela ne me suffit pas; non, il faut attaquer les actualités qui barrent le chemin aux effets plus avantageux, et ces obstacles céderont dès que ce qui est meilleur sera reconnu tel par les experts.

Il ne s'agit pas ici d'examiner comment on pourrait, en laissant la construction des wagons de chemin de fer dans son état actuel, faire des improvisations plus ou moins rapidement. Dans les cas d'urgence la décision dépend des circonstances du moment et de l'habileté des médecins et des ingénieurs-constructeurs d'utiliser convenablement les moyens donnés. On peut être parfaitement pénétré de l'inconvénient qu'il y a d'appuyer une fracture de la cuisse d'une attelle consistant en un morceau d'écorce de bois, d'une bayonette ou d'un fusil, et de transporter le blessé ainsi pansé sur un chariot de village, et on sera néanmoins bien aise dans l'intérêt du blessé de pouvoir l'enlever du champ de bataille où il mourrait d'inanition ou de froid. De même, il peut arriver qu'une bataille soit livrée à proximité d'une station de chemin de fer où il n'y a pas de bâtimens en nombre suffisant pour recevoir les blessés, et que l'on préfère d'amener les blessés plus loin, couchés sur le plancher de wagons à marchandises vides, plutôt que de les laisser au grand air, dans la pluie peut-être, ou de les exposer à être suffoqués dans les maisons étroites d'un hameau. Pour des circonstances de ce genre il n'y a pas de règle, c'est au talent et à l'esprit inventif du personnel médical à décider quel est le moindre. mal entre les deux. Les spéculations sur des cas pareils sont vaines; il surgirait toujours de nouvelles questions: si ceci et cela manquait, que faire alors? et si cela n'est pas non plus faisable pour telle ou telle cause, quoi alors? A la fin on arriverait à demander: Et s'il n'y avait ni blessés, ni médecins ni wagons, que fera-t-on? Il y a, certes, un terme quelque part où tout doit cesser!

En repassant les différents rapports sur les improvisations créées pour le transport des grièvement blessés, je trouve que des voitures à marchandises ont seules été employées. Le transport se montrait le plus tolérable pour ceux qui furent chargés sur les wagons avec leurs lits que l'on plaçait ensuite sur un matelas ou une paillasse épaisse; d'autres grièvement blessés qui étaient couchés sur un lit de plusieurs matelas ou sur une paillasse très-épaisse s'y trouvaient bien quant au coucher[1]). Les suspensions de brancards improvisées sur place étaient au contraire entachées d'inconvénients à cause des rudes chocs et des oscillations trop fortes qu'elles éprouvaient. Plusieurs des trains d'ambulance employés au commencement de la guerre de 1870 et envoyés de loin au théâtre

---

[1]) *Czerny* Nr. 30, page 5.

de la guerre étaient munis de ces improvisations plus ou moins mal imaginées.

Il convient d'insister du point de vue chirurgico-technique, que les blessés ne soient transportés dans cette sorte de wagons à marchandises de construction actuelle dont l'aménagement est ainsi improvisé, qu'en *cas d'urgence*; là où il n'y a pas moyen d'éviter le transport, *le voyage ne devrait pas durer au delà d'une demi-journée, et une journée tout au plus, lorsque les blessés se trouvent plus convenablement couchés.* Même un trajet aussi court que celui-ci (suivant nos idées actuelles) en chemin de fer, peut devenir fatal à certains blessés; mais les traîner ainsi par monts et par vaux pendant de nombreux jours et nuits constitue une mesure que l'on doit absolument repousser. Il est certain que le système de dispersion des blessés et malades doit être regardé comme très-important en principe, mais il ne saurait devenir salutaire pour eux qu'à la condition que le transport soit préparé d'avance et fait de manière qu'il ne devienne pas plus nuisible à leur état que s'ils étaient laissés en repos plus longtemps, quoique dans des conditions relativement défavorables.

Il n'entre pas dans notre sujet de traiter du transport de malades ou de blessés *isolés* dans des wagons à marchandises ou des voitures-salons de 1ère ou de 2de classe. (On en rencontre de temps en temps en été sur certaines lignes de l'Allemagne du Sud.) Quelquesuns des chemins de fer sont en possession de cette sorte de wagons à malades aménagés avec beaucoup de comfort;

je ne les connais pas d'assez près pour juger si leur installation est susceptible d'un perfectionnement ultérieur; en tout cas je pense que les principes que je vais formuler plus bas, s'appliquent également aux wagons de ce genre. — Je ne veux pas non plus entamer ici les propositions tendant à montrer comment le blessé ou malade serait mieux couché dans un coupé de première, de seconde ou de troisième classe. Toutes ces improvisations dépendent trop absolument de l'ampleur du coupé, de l'écartement, la largeur et la hauteur des banquettes etc. puis encore du genre de souffrance du transporté, pour que l'on puisse faire là dessus des propositions positives. Quelques idées y relatives se trouvent dans l'ouvrage de *Longmore*[1].

La tâche que nous poursuivons ici, est *de discuter les principes suivant lesquels on devrait dès à présent construire et faire fonctionner* les wagons d'ambulance[2] et les trains sanitaires de manière à pouvoir être utilisés pour le transport en masse de malades et de blessés à

---

[1] *Longmore* Nr. 14, page 472.

[2] Le hazard a voulu que l'ouvrage important de M. *Sigel* (Nr. 26) sur les trains d'ambulance wurtembergeois ne me soit tombé entre les mains qu'après que mon manuscrit fût complètement terminé. Tous les renvois qui s'y réfèrent ont été, par conséquent, insérés après coup, mais j'appelle l'attention particulière du lecteur sur les „Propositions concernant la future organisation des trains sanitaires wuttembergeois", ouvrage très-important à mon avis et que j'estime à un haut degré bien que je ne sois pas d'accord avec l'auteur sur tous les points de la question.

4*

de grandes distances et pendant plusieurs jours ou semaines successifs, sans que les malades et les blessés
éprouvent des souffrances pour cause de ce transport, et
sans que les frais du transport dépassent d'une manière
sensible la mesure ordinaire.

Les wagons de blessés.

Les *wagons de blessés* sont sans aucun doute la partie la plus importante des trains sanitaires. Quant à ces wagons il convient de fixer en principe les questions suivantes: De quelle manière faut il charger les blessés à l'intérieur du wagon? Comment concheront-ils dedans? Combien couchera-t-il de blessés dans un wagon? Comment sortiront-ils du wagon? De quelle façon le wagon sera-t-il aéré? Comment seront appliquées les portes et les fenètres du wagon?

Comme la réponse aux dernières de ces questions doit essentiellement influer sur la construction des wagons, nous les mettrons au premier rang.

Ventilation. Pas n'est besoin d'autre explication pourquoi un wagon, dans lequel des blessés et des malades seront renfermés pendant un nombre de jours et de nuits doit être convenablement ventilé à l'instar d'une salle d'infirmerie dans un hôpital. La ventilation doit être tout à fait vigoureuse, ce qui veut dire que le changement de l'air doit être très rapide, car autrement le nombre de sujets transportés dans un wagon serait forcément trop réduit, attendu que l'air y devient promptement vicié nonseulement par la transpiration et l'acide carbonique exhalé lorsqu'il y a encombrement de personnes saines dans un espace étroit, mais encore plus ici où les exhalaisons de nombreuses blessures, de l'urine et des déjections fécales y sont ajoutées.

Nonobstant que ces sécrétions et excrétions puissent être enlevées immediatement après leur issue, elles se reproduisent de jour et de nuit à des heures différentes, et le moment de l'acte suffit seul à remplir le wagon en peu de minutes de mauvaise odeur, d'autant plus que les soldats ne se gênent pas habituellement de laisser échapper leur gaz. En effet, l'atmosphère de cette sorte de wagons surtout en hiver, a été signalée par des gens impartiaux comme insupportable, tandis qu'on a vu des médecins qui prétendent n'avoir rien remarqué de pareil. Mais on sait qu'il existe des médecins d'hôpital qui ont aussi bien perdu l'odorat pour l'infection de leurs chambrées, que beaucoup de gens ne sentent plus l'odeur du tabac sur eux-mêmes ni leurs pieds en suint. Constatons en règle générale que tous les wagons d'ambulance employés jusqu'à ce jour ont pué. J'ai puisé ce renseignement surtout de communications orales de la part de médecins qui avaient fait de longs trajets avec des trains d'ambulance; on rencontre là-dessus des données peu nombreuses dans la littérature, probablement parcequ'on a dû s'estimer heureux d'avoir un joli nombre de trains d'ambulance sous la main pendant la guerre de 1870—1871, et qu'on aurait été cruel envers les particuliers et les Sociétés qui avaient mis sur pied ces trains d'ambulance avec des sacrifices inouïs, si l'on avait voulu leur reprocher les imperfections de leurs installations. Quoiqu'il en soit, nous lisons dans la brochure de *Schmidt* (Nr. 50, page 13) l'appréciation suivante, dégagée de toute prévention:

„La ventilation dans une mesure suffisante est difficile à obtenir, notamment lorsque le train est arrêté. Jusqu'à présent des moyens satisfaisants pour arriver à une ventilation automatique et énergique des wagons n'existent pas, on est forcé d'y suppléer par l'ouverture des fenêtres suivant la direction du train et du vent. Les chassis mobiles des portes de bout et les volants ouverts des portes à coulisse des côtés fournissent bien cette ventilation naturelle en été et en général lorsque le temps est doux, mais par une température froide l'ouverture des fenêtres apporterait de grands inconvénients aux malades. De là, la ventilation formera toujours un des côtés désavantageux des trains d'ambulance, principalement la nuit, lorsque les trains sont ordinairement arrêtés; tant que le train roule, l'air frais penètre toujours dans le wagon en quantité suffisante en passant par les ouvertures inévitables, mais pendant l'arrêt ce mouvement d'air n'a pas lieu et les malades ferment encore les fenêtres, de là les plaintes contre le mauvais air dans le wagon que l'on entend ordinairement le matin.“

Peltzer (Nr. 32, page 30) écrit ceci: „Quant à la ventilation dans les wagons des blessés des trains sanitaires, on ne saurait affirmer que l'air ait été bon partout.“

Boerner seul (page 26) rapporte, que „la ventilation des wagons à malades des trains prussiens se faisait sans difficulté et ne laissait rien à désirer". Cette remarque m'étonne d'autant plus sachant que *Boerner* a fait ses voyages assez prolongés en plein hiver lorsque par rapport au chauffage très défectueux on a dû s'abstenir d'ouvrir les portes et les fenêtres.

Sigel (Nr. 26, page 21) dit qu'il a obtenu de l'air convenable dans les wagons en ouvrant les fenêtres, mais lorsque les portes et les fenêtres étaient fermés, l'air se trouvait promptement vicié.

Heller (*Hirschberg* Nr. 37, page 54) fait cette remarque que la ventilation dans les wagons des blessés prussiens était „plutôt trop vive que trop faible".

Ne nous gênons pas de traduire ce mot étranger *ventilation* tout simplement par courant d'air; dans une chambre de malade il faut qu'il se trouve quelque part un „tirant", c'est à dire, la sortie de l'air corrompu et l'entrée de l'air frais doit avoir lieu avec une vigueur telle que l'air de la salle de malades soit vivement remué; de même, mais dans une mesure plus grande encore, faut-il que cela arrive dans les wagons des blessés.

Il convient que la couche d'air où ce mouvement forcé a lieu soit placée de manière que le malade reste en dehors de son contact pour ne pas en souffrir. Cela implique déjà l'inadmissibilité de l'ouverture des fenêtres latérales, attendu que les côtés longitudinaux du wagon sont réservés pour le placement des lits. En réduisant le nombre des blessés à 8 par wagon, et plaçant les lits de manière à laisser au milieu des côtés longitudinaux un espace de 5 à 6 pieds complètement libre, comme dans les wagons de blessés du train sanitaire du Palatinat, on pourrait sans doute appliquer de fenêtres latérales l'une en face de l'autre, mais on sacrifierait alors beaucoup de place. Considérant que nous sommes forcés de maintenir, comme nous le développerons plus loin, le principe de communication de tous les wagons par les portes de bout (système intercommunicatif), que nous devons par conséquent rejeter tous les systèmes d'alitement des blessés en wagons, qui ne s'y prêtent pas, il serait peut-être bon d'écouter la proposition de percer des fenêtres dans les portes de bout, et d'effectuer en les ouvrant, ou en ouvrant les portes mêmes, une ventilation énergique. Mais l'expérience a déjà démontré l'impossibilité de ce plan, car la pluie, le vent et la poussière entrent si copieusement par ces portes que cela devient insupportable; le côté des blessés tourné vers le passage du milieu du wagon que traverserait l'air froid du dehors, se trouverait en hiver tellement refroidi que cela ne pourrait être que nuisible. Il ne reste donc que d'élever en principe le système americain, savoir de placer la ventilation dans un espace aéreux adopté au faîte du wagon, système que nous désignerons par le mot déjà employé par d'autres, de „système à lanterneaux.“ Les figures représentées planche I, fig. 1 et 4 donneront au lecteur une image de ce que nous entendons par là.

Il serait difficile de juger si la ventilation effectuée dans les wagons americains au moyen de ces lanterneaux se montrait assez forte pour maintenir la pureté de l'air lorsque 30 blessés étaient couchés dans l'intérieur du wagon. Suivant le jugement à priori de M. *Rose*[1]) la ventilation dans ces wagons serait très-mauvaise. Il était certes facile à présager avec sûreté ce que d'ailleurs la pratique a démontré, que les deux ou trois petites lanternes des wagons de voyageurs de 4me classe dont on s'est servi pour les trains d'ambulance prussiens en 1870 ne suffiraient pas à la ventilation; il a fallu recourir à l'ouverture des portes et des fenêtres pour rendre l'air tolérable.

Quelle largeur et quelle hauteur faut-il donner à ces lanterneaux? S'étendront-ils le long du toit du wagon d'un bout à l'autre, ou seulement sur certaines sections, comme on le voit dans les wagons français exposés à Vienne? — ce sont là des questions que l'experience seule peut résoudre; fixer la dessus des lois est aussi peu faisable que d'en faire sur la ventilation de chambres de malades. On pourrait croire que l'excès de ventilation ne saurait nuir; oui, en été, ou si la température ne tombait jamais au-dessous de $+ 12^0$ R., en ce cas l'excès dans les trous ventilateurs ne serait pas préjudiciable, les blessés se trouveraient alors comme au grand air; il faut du reste qu'un certain excédant de ventilation puisse s'établir, attendu que le hazard pour-

---

[1]) Nr. 16, page 41.

rait amener au wagon d'ambulance des blessés dont les
sécrétions empesteraient constamment l'intérieur. Tout
chirurgien d'hôpital sait qu'il y a des cas par lesquels,
nonobstant la propreté la plus rigoureuse et les soins les
plus attentifs l'air des chambres le mieux aérées est cependant rempli de puanteur inextinguible. Dans les hôpitaux on peut isoler ces malheureux, mais où voulez-vous
les placer dès qu'ils sont reçus dans un train d'ambulance rempli au complet? Contre cet excès d'infection
il n'y a qu'un refuge: l'excès de ventilation. Ajoutez à
cela que dans les wagons de chemin de fer il est d'autant moins possible de calculer à priori la force de ventilation que celle-ci ne dépend pas seulement de l'infection
à l'intérieur du wagon et la température extérieure, mais
encore de la vitesse du train. Construire les lanterneaux
de façon que l'on puisse facilement les ouvrir et fermer
sur les côtés en plusieures divisions, et que, tout en
étant ouverts, ils défendent l'entrée de la pluie, de la
neige, de la fumée et de la poussière, c'est une tâche
pour les constructeurs habiles que l'on peut exécuter de
différentes manières et dont la solution ne rencontrera
pas des difficultés sérieuses. Comme un modèle excellent
au point de vue technique je dois signaler celui de M.
Bonnefond[1]). Pour savoir si les lanterneaux des wagons
d'ambulance français répondent à toutes les eventualités,
il faut encore des expériences spéciales, ce sont en tout
cas les meilleurs appareils ventilateurs qui aient été construits jusqu'à ce jour.

----

[1]) Bonnefond Nr. 52.

Chauffage. La caléfaction des wagons de blessés est si étroitement liée à la ventilation que nous avons cru devoir joindre cet article au précédent. Le problême d'établir une temperature constante dans un espace donné à température déterminée où il existe une perte de calorique déterminée et égale, n'est pas très difficile à résoudre ; mais lorque la température de l'espace à chauffer change très-brusquement par suite des grandes différences dans la perte du calorique, en ce cas il faudrait pouvoir régler tout aussi rapidement l'arrivée du calorique au moyen du chauffage, et c'est là une difficulté impossible à surmonter entièrement comme le savent les médecins des hôpitaux. Supposons par exemple que dans une salle chirurgicale bien chauffée on ait terminé en plein hiver le pansement de toutes les blessures dont quelquesunes répandent une odeur infecte — ou que dans une salle contenant beaucoup de malades affectés de diarrhée plusieurs d'entre-eux venaient de passer à la selle en mêmo temps, — en ce cas il est sans doute facile de forcer le changement d'air en ouvrant les fenêtres des deux côtés opposés, mais on ne peut pas élever aussi vite la génération de calorique dans le poêle avec la même vitesse qu'a lieu la perte de chaleur à fenêtres ouvertes et à une température extérieure accusant, disons — 10° R. ; il faudrait pour cela avoir en réserve une grande quantité de calorique et pouvoir le faire passer soudainement dans la salle pour chauffer la quantité d'air froid faisant irruption par les fenêtres ouvertes. Le chauffage à la vapeur on à l'eau pourrait seul réaliser ce plan, de manière que l'on laisserait toujours un nombre de tuyaux hors d'emploi dans la salle, et ferait entrer la vapeur ou l'eau chaude au moment donné dans ces tuyaux que l'on viderait ensuite avec la même facilité après avoir obtenu la temperature voulue, chauffé l'air de la salle et refermé les fenêtres sauf les trous ventilateurs permanents. — S'il faut convenir qu'un semblable arrangement, exécutable sans doute, reviendrait cependant trop cher, même pour les chambrées permanentes d'un hôpital, et que l'appareil serait d'un maniement trop difficile, il y a lieu de penser qu'il le serait encore plus s'il était appliqué aux wagons d'ambulance. Par conséquent, c'est aux médecins de tenir les blessures autant que possible en état de désinfection au moyen d'appareils désinfectants et d'introduire dans les urinaux, avant leur emploi, des substances analogues pour parer ainsi à la nécessité d'un changement subit de l'air du wagon. Même avec la ventilation par lanterneaux, il y aura déjà assez de difficultés pour maintenir une température, variant de $+ 8$ à 12^0 R. lorsque l'atmosphère accuse $— 12^0$ voir même 20^0 R.[1]).

Dans mes *Lettres chirurgicales*[2]) j'ai communiqué les expériences que j'ai pu recueillir sur le chauffage des baraques à ventilation constante par le faîte du toit; il en résulte que ces baraques n'étaient pas chauffables

---

[1]) Un train sanitaire wurtembergeois a passé à Berlin une nuit avec — 16° R. et un vent glacial de Nord-Est. *Sigel* Nr. 26, page 20.

[2]) Nr. 33, page 55.

d'une manière suffisante et qu'on a dû fermer les lanterneaux. On pourrait bien, dans ces conditions forcer
le chauffage au moyen de *très grands poéles,* mais avec
une dépense énorme de combustible. Des expériences
concluantes nous manquent pour pouvoir fixer le meilleur
mode de chauffer des wagons à 8 ou 10 blessés tout en
maintenant une ventilation suffisamment vigoureuse. Les
constructeurs de voitures de chemin de fer se plaignent
de ce que le public et les médecins exigent chacun une
température à degrés très-différents les uns des autres
pour les voitures pendant l'hiver. Cela se comprend:
le voyageur de 1re et de 2de classe, enveloppé d'une bonne
pelisse, chancelière aux pieds et couvertures à voolnté,
impatient de descendre à chaque station, aura bientôt
attrapé un froid si le wagon est chauffé à $+ 15^0$ R.,
l'atmosphère du déhors étant à $— 10^0$ R.; il veut donc
une température de $+ 5$ à 8^0 R. dans le wagon. Le
voyageur de 3me classe vêtu d'un paletot d'hiver ou d'une
simple redingote trouvera, au contraire, très agréable la
température de $+ 15^0$ R. à l'intérieur; les gens de campagne ne seront même pas fachés d'avoir encore plus
chaud, car pour eux, une chambre chauffée à outrance
à l'air aussi épais que possible, est une des plus grandes
commodités de la vie, le siège préféré dans cette chambre
chaude est celui auprès du poêle ou même sur le poêle.
— En ce qui concerne la température dans les voitures
de blessés, je suis d'avis qu'il convient de ne pas viser
trop haut, une température de $+ 12^0$ R. peut toujours
suffire et être désirée, mail elle ne devrait pas descendre

au dessous de $+ 8^0$ R. Les malades et blessés qui ont froid au lit à $+ 12^0$ R., on pourra les couvrir de plusieures couvertures de laine. Quant aux malades souffrant d'anémie, épuisés par des suppurations prolongées, et qui ne se sentent à l'aise qu'à une temperature de $+ 16^0$ R. il ne faut pas les exposer en hiver aux chances d'un long voyage en chemin de fer.

Nous possédons quelques données intéressantes sur les résultats du chauffage des trains sanitaires, qui pourront trouver leur place ici; presque toutes se réfèrent au *chauffage par des poêles à voitures complètement fermées*.

M. *Schmidt*[1]) rapporte ce qui suit:

„Dans la plupart des trains sanitaires les poêles ne suffisaient pas; abstraction faite de ce qu'ils contribuaient à corrompre l'air, ils exigeaient trop de service pour être chauffés uniformément, en outre, un combustible exactement adapté. Les poêles des trains prussiens avaient le foyer enduit de terre réfractaire; malgré cela, ils retenaient très mal la chaleur. Le chauffage à la vapeur a le même defaut de ne pas aider à la ventilation, de plus, il est difficile de l'appliquer aux wagons après coup.

Nous avons donc pour dernière ressource les poêles, notamment les calorifères qui retiennent plus longuement le combustible, et parmi eux, les meilleurs seraient ceux qui, conjointement avec la ventilation debitent l'air frais à l'état chauffé dans l'intérieur des wagons.

---

[1]) *Schmidt* Nr. 50, page 13.

Or, le calorifère breveté de M. le professeur *Mei-dinger* remplit cette condition. Il a été construit dans un but semblable, le chauffage joint à la ventilation, pour l'expédition au pôle du Nord du capitaine *Koldewey,* et a parfaitement répondu aux expectations de ce dernier [1]).

Le calorifère Meidinger consiste en un récipient de combustible entouré de deux chemises en tôle, lesquelles interceptent complètement la chaleur rayonnante, et dé-gorgent par le haut l'air qui, en entrant par le bas s'est échauffé en passant par l'intervalle ménagé entre elles. Or, si l'on prend l'air à chauffer du dehors, au moyen du courant naturel, ou mieux encore, au moyen d'un ap-pareil de prise d'air, au lieu de le prendre vicié à l'in-térieur, et fait passer ensuite cet air frais entre les deux chemises de tôle, on obtient une ventilation suffisant à toutes les exigences, et combinée avec le chauffage.

Employées dans les wagons d'ambulance ces calori-fères présentent encore cet avantage, que les objets placés à proximité, quelque soit d'ailleurs le degrè de chaleur ne peuvent pas prendre feu, attendu que la chemise de tôle extérieure ne devient que d'une chaleur supportable par la main nue. En outre, le service du calorifère est très simple, de manière qu'avec peu d'attention on peut le maintenir chauffé jour et nuit indéfiniment sans s'éteindre; il demande peu de combustible (le coke s'y

---

[1]) Pour plus de détails voir les Feuilles industrielles (Industrie-blätter) 1871. Nr. 1, 2 et 3. Exposition par le directeur *Euler* de la forge de Kaiserslautern.

prête le mieux), une dépense d'environ 2 à 3 silber-
groschen dans les 24 heures; ainsi, encore à ce point de
vue, ce calorifère surpasse tous les autres poêles des trains
sanitaires. De plus, il porte sur le tuyau de décharge
de fumée un appareil ventilateur spécial par lequel l'air
vicié est vivement entraîné hors du wagon. Cette ventilation continue lors même que le calorifère n'est pas
allumé, mais naturellement à un moindre degré.

Pour augmenter la force du chauffage, il faut faire
monter les chemises jusqu'au couvercle, et remplir l'intervalle, autant que c'est possible, de matières mauvaises
conductrices de chaleur (paille hâchée, sciure de bois);
à défaut de cela, l'espace vide donne aussi une garantie
suffisante contre la perte de calorique.

Pour empêcher l'air froid de pénétrer par les interstices inévitables des portes à coulisses latérales, on
peut fixer avec des clous sur trois côtés de la caisse du
wagon et contre la porte au devant, de simples bour-
relets forts, d'une épaisseur de 6 centimètres, remplis de
varech que l'on appliquera aux interstices. L'infiltration
de l'air est suffisamment prévenue par ce moyen."

A l'ouvrage de M. *Peltzer*[1]) nous empruntons ce
qui suit:

„A l'approche de l'hiver, auquel les premiers trains
sanitaires envoyés au théâtre de la guerre n'étaient pas
preparés, les administrations se voyaient saisi encore du
problème du chauffage. On pouvait prévoir d'avance

---

[1]) *Peltzer*, Nr. 32, pag. 29.

que cette question serait compliquée de nombreuses difficultés et c'est ce qui arriva dans la pratique, puisque
la question n'est pas encore définitivement resolue. Certes,
nous ne devons pas oublier que le dernier hiver était
beaucoup plus rigoureux en France qu'à l'ordinaire, et
si nous considérons l'immense longueur des trajets que
les trains sanitaires avaient à parcourir, principalement
plus tard, depuis les départements situés au delà de Paris
jusqu'à la partie Est de l'Allemagne, nous devons reconnaître que les circonstances étaient aussi défavorables
que possible pour le chauffage des trains. Aucun wagon
n'avait été construit d'avance, en vue d'un chauffage intérieur artificiel, avec des parois doubles par exemple,
remplies de mauvais conducteurs de chaleur. La première idée devait naturellement tomber sur les poêles
en fer; aussi les a-t-on introduits partout suivant des
modalités différentes, sauf une exception partielle dans
les trains bavarois. Pour monter les poêles on leur a
ménagé un espace, là où les voitures à voyageurs, système américain, étaient en usage, en retirant deux lits
du milieu; quant aux wagons à marchandise, la place
des poêles était toute indiquée au milieu du wagon. Le
voisinage immédiat des poêles, notamment les parois,
était partout protégé par des paravents en tôle, et les
passants étaient sauvegardés contre la brûlure de leurs
vêtements par des garde-feu particuliers. Les poêles des
wagons d'ambulance prussiens portaient en outre sur une
saillie des marmites semi-circulaires en fer-blanc pour
faire évaporer l'eau; ces marmites avaient un rebord in-

térieur pour empêcher l'eau de se répandre pendant la marche du train.

On connaît les inconvénients généralement attachés aux poêles en fer: il se chauffent très vite et se refroidissent de même; leur chaleur rayonnante se répand dans l'espace sans le chauffer durablement. C'est là la différence entre les poêles de faïence et ceux en fer; du côté des Prussiens on a cherché de réunir les avantages de l'un et de l'autre en écartant seulement les inconvénients des poêles en fer, et dans ce but ces derniers furent doublés interieurement de terre réfractaire. Le combustible employé était la houille. Les tuyaux du poêle montaient verticalement en traversant le plafond, les parties voisines de la parois étaient protégées autant que possible contre l'incendie par des couches de cendres introduites dans le poêle, et au dessus du tuyau fut monté une sorte de mitre de cheminée mobile. Nous ne savons pas si des mesurages thermométriques comparatifs ont été institués pour constater la valeur de ces poêles. Le train étant en marche, le tirage des poêles était vif, et toujours plus fort à mesure que la locomotive marchait plus rapidement; quand le train s'arrêtait les poêles fumaient souvent, et le tirage vigoureux occasiona une grande consommation de combustible. Les Americains aussi faisaient usage de calorifères."

Nous lisons dans l'ouvrage de M. *Wasserfuhr*[1]).

---

[1]) *Wasserfuhr* Nr. 27, page **4**.

„Les poêles en fer des wagons d'ambulance, cylin-
driques à l'extérieur, doublés de briques réfractaires à
l'intérieur, se rétrécissant vers le bas du foyer, se laissaient
très bien chauffer pendant tout le temps que le 5me train
sanitaire fonctionnait. Il est naturel qu'un wagon de
chemin de fer marchant rapidement ne puisse pas présenter, même avec le meilleur système de chauffage, la
chaleur uniforme d'une chambre bien chauffée. La température était au milieu du wagon plus elevée qu'aux
extrémités, et plus basse du côté du vent que de l'autre,
ainsi que l'on l'a constaté à l'aide du thermomètre qui
se trouvait heureusement dans chaque voiture. Mais je
n'ai jamais entendu une plainte pour cause de froid de
la part des blessés, et il est certain qu'ils ne se trouvaient pas plus mal sous ce rapport dans nos wagons que
dans beaucoup d'ambulances-baraques, qui étaient cal-
culées pour l'été seulement, et dont j'ai vu un grand
nombre pendant mes voyages entre la France et l'Allemagne. Il est inévitable qu'à l'occasion la température
d'un wagon monte ou baisse plus qu'il ne faut pour le
bien être et l'aisance des blessés et malades, car cela
dépend en grande partie du plus ou moins d'attention
de la part des infirmiers. De même je ne mets pas en
question la possibilité de trouver des appareils de chauffage à l'usage des wagons d'ambulance plus convenables
et peut-être moins encombrants que ceux dont je parle;
mais ce fait mérite toujours quelque attention qu'il aît
été possible, grâce au combustible de choix (houille et
bois de pin) et à l'attention toujours éveillée, de produire

et de maintenir dans nos wagons par un froid très rigoureux une temperature de 8° à 10° de chaleur. Pendant les voyages du train aux mois de Février et de
Mars je n'avais toujours à combattre que le surchauf-
fage des wagons par les infirmiers, et jamais le contraire. Les poêles n'ont jamais fait échapper de la fumée
à l'intérieur. Le seul inconvénient inhérent à leur construction que je dois signaler, c'est le mauvais arrangement des grilles du foyer et la difficulté du nettoyage
du poêle qui en résulte. En effet, *pour procéder à ce
dernier, il a fallu, au bout de deux ou trois jours de
chauffage, laisser refroidir les poêles, pour introduire la
main et le bras par un guichet à clapet, ménagé au
milieu du poêle, pour retirer du bas-fond assez profond
les scories amassées.* Il ne suffisait pas du tout de vider
le tiroir à cendres placé sous les grilles. Cet inconvénient existait également lorsque le chauffage se fit
avec le charbon de terre choisi dont le train était fourni
lors de son installation à Francfort s/Oder; il devint de
plus en plus grave après la combustion du charbon choisi
et son remplacement par un autre qui était de beaucoup inférieur au premier, nonobstant qu'en l'achetant
j'aie eu recours à l'intervention et le bon conseil d'un
chef de gare que je devais croire expert dans la matière.
La prévoyance est en tous cas, très-recommandable dans
l'achat et le choix de la houille à chauffer — si toutefois le choix est possible — aux chefs de trains sanitaires et à leurs magasiniers. Mais il me semble *qu'en
première ligne il serait nécessaire de prendre l'avis des*

experts sur la question comment on pourrait, moyennant une autre construction, écarter la difficulté qui existe dans ces poêles pour en retirer les scories. Je crois que le plus simple moyen serait l'introduction de grilles mobiles à la place des grilles fixes actuelles. — Les cahots continuels causés par les voies usées et plusieurs chocs violents ont naturellement ébranlé les liens entre quelques poêles et les parois des wagons, et occasionné des réparations, mais celles-ci ont été promptement faites en Allemagne.“

M. *Sigel*[1]) écrit dans le même sens.

Plus loin, M. *Wasserfuhr*[2]) rapporte ce qui suit sur le chauffage des voitures-salon des médecins:

„Le 5me train sanitaire comprenait encore une *voiture-salon* du chemin de fer de Basse-Silésie à la Marche, que j'habitais en commun avec l'un des aide-médecins du train. Il avait deux portes de bout, un grand nombre de fenêtres à vitres, des parois minces, un plancher mince, en partie perforé de trous circulaires, et trois compartiments de grandeur inégale. Le plus grand avait eu primitivement 8 sièges pour 2 personnes chaque, avec un passage au milieu. Deux sièges avaient été enlevés, l'un pour faire place à un petit poêle, et l'autre à un dessus de table; les autres sièges étaient maintenus dans leur ancien état. Le petit compartiment du milieu contenait à droite un cabinet d'aisance, à gauche un cabinet

---

[1]) *Sigel* Nr. 26, page 21.
[2]) *Wasserfuhr* Nr. 27, page 12.

de toilette étroit. Le troisième compartiment était garni de deux divans en peluche à droite et à gauche que nous transformâmes le soir très-simplement en couchettes en mettant par dessus un drap de lit. Chacun de nous avait deux couvertures de laine sur lesquelles j'ai fait coudre des draps. Ce wagon avait fourni sans doute, en été, un séjour de voyageur très confortable pour aller en train de plaisir de Berlin à Vienne, car c'est pour ce trajet là qu'il était destiné. Mais comme habitation d'hiver pendant près de 4 mois il avait très peu d'attraits. A notre premier voyage surtout, au mois de Décembre, nous y avons gelé d'une manière inouïe. *Au bout de quelques jours déjà, le tuyau étroit était obstrué; l'habileté même d'un artisan distingué qui, au retour d'un congé rentrait à son corps à Orléans et nous accompagnait comme voyageur jusqu'à Epernay, était incapable, malgré plusieurs sondages d'enlever l'obstruction, et en allumant le poêle nous avions de la fumée qui nous forçait d'ouvrir toutes les fenêtres, mais de la chaleur — point.* A notre retour à partir de Lagny nonseulement l'eau à boire et l'eau de toilette fut congelée, mais la même chose arriva aussi à l'encre et à l'acide carbolique, et nonobstant que pendant les quelques heures de la nuit que nous permit le service, nous nous couchâmes sur nos divans, habillés des pieds à la tête et couverts de 3 couvertures de laine, le matin en nous levant après avoir passé une nuit blanche, le thermomètre accusant à l'intérieur du wagon 15° au dessous du zéro, nous étions presque roidis de froid. En conséquence, nous quittâmes

notre voiture-salon tout à fait le 23 et le 24 et passâmes
la nuit sur des tabourets devant les poêles des wagons
des blessés où régnait une température très-agréable. Vou-
lant profiter de la courte étape que nous fîmes à Francfort s/Mein, après avoir heureusement déchargé nos blessés,
en attendant que notre train fut réinstallé, je cherchai
le moyen de nous arranger un peu plus convenablement.
Le contre-maître du chemin de fer de Mein-Neckar à
qui je demandai son avis d'expert ayant condamné la construction du petit poêle et en déclaré la réparation impossible, recommanda de monter à sa place un calorifère
à régulateur, que je fis poser immédiatement. Le nouveau poêle était bien construit en lui même et capable
de développer une grande chaleur, mais comme notre
départ se fit brusquement, le fabricant, malgré sa bonne
volonté n'a pas eu le temps de l'assujettir assez solidement, de sorte que ses liens n'étaient pas assez forts
pour résister aux secousses du wagon ni aux chocs violents intervenant de temps à autre. Nous fûmes donc
obligés de le mettre hors service par intervalles pour
faire réparer les liens d'attache dans les villes d'étape
en Allemagne. En outre le calorifère exigeait du charbon de première qualité, le soidisant charbon de salon,
que nous ne pûmes avoir qu'une seule fois, à Francfort s/Mein, et jamais plus tard. Il en suivit que nous
fûmes bientôt forcés de le chauffer non pas suivant les
règles, charbon en bas et bois en haut, mais vice versa
comme on chauffe tout autre poêle ordinaire. Le soir
on alluma un grand feu, mais pendant la nuit le poêle

se refroidit rapidement, et au lever du soleil la température à l'intérieur de notre wagon était de règle la même que celle du dehors. Il nous arriva souvent, qu'après que nous nous soyons couchés sur nos divans bien tard dans la soirée et que nous nous soyons endormis sous un degré de chaleur considérable, pourvu que le service et le bruit du chemin de fer nous permit de dormir, nous nous reveillâmes de bon matin par suite du sentiment du froid produit par la baisse successive de la temperature du wagon au dessous du zéro."

Je repète, que tous ces rapports et renseignements se réfèrent à des wagons complètement fermés[1]). Quant à la possibilité de chauffer les wagons de blessés du train français, munis de ventilation par lanterneaux, M. *de Mundy* a eu la bonté de me communique par lettre ce qui suit: Au milieu de ces wagons se trouve un poêle en fonte comme celui des trains sanitaires allemands; il est chauffé avec du charbon. Au mois de Janvier 1872 on a fait un essai sur la ligne Paris-Lyon par rapport au chauffage de ces wagons (tous construits à double parois avec un espace d'air entre les deux, construction dont l'introduction générale rencontrerait probablement une forte opposition à cause des frais). En ouvrant tous les volants des lanterneaux, la température ne baissait jamais au dessous de $+ 10^0$ R.; à volants fermés et chauffage

---

[1]) *Niemeyer* (Nr. 56) demande que même en hiver les fenêtres soient constamment ouvertes, le chauffage se faisant par des appareils appliqués au plancher des wagons, principe qui me semble à peine réalisable pour les wagons de blessés.

continu elle montait jusqu'à $+ 15^{0}$ voire même jusqu'à $+ 20^{0}$ R." Ainsi, cela coïncide avec la remarque déjà citée, de M. *Wasserfuhr* [1]) qu'avec les voitures fermées et le froid étant modéré, elles deviennent plutôt sur-chauffées que trop froides; et avec la remarque suivante de M. *Hirschberg* [2]):

„Les poêles montés dans les wagons d'ambulance étaient, quant à leur cònstruction et leur système on ne peut plus imparfaits considérant leur but. Comme le personnel de service ne savait pas convenablement ma-nier le chauffage au charbon, il leur arriva parfois de produire une chaleur trop intense en attisant trop vive-ment le feu, ce qui eut un effet désagréable, et même nuisible. Pour les installations ultérieures les calorifères semblent être les plus dignes de récommandation, attendu qu'avec ce système on peut régler la chaleur suivant le besoin."

De toutes ces communications on peut tirer cette conclusion: *On peut en toute probabilité obtenir le chauf-fage des wagons à blessés d'une manière satisfaisante au moyen de poêles, dans les températures ordinaires de l'hiver de l'Europe centrale, mais quant à présent les poêles nous manquent dont la construction admet un fonctionnement prolongé sans perturbation, avec le com-bustible ordinaire que l'on puisse se procurer partout avec facilité et à bon marché (tel que coke, houille brune,*

---

[1]) Nr. 27, page 4.
[2]) *Hirschberg* Nr. 37, page 68.

charbon de terre de qualité moyenne et inférieure). *Il y a lieu de faire dans ce sens des essais ultérieurs, notamment avec des wagons à lanterneaux ventilateurs occupés par 10 à 15 hommes*[1]).

Jusqu'à présent on a fait peu d'essais dans les wagons d'ambulance avec les autres méthodes de chauffage. Seuls quelques trains d'ambulance bavarois faisaient usage du *chauffage à la vapeur*. Ce système a été decrit par *Hirschberg* comme suit[2]):

„Le wagon-chauffeur à la vapeur, semblable quant à l'extérieur, aux wagons à marchandise ordinaires, avait à l'intérieur une cloison qui le partageait en deux parties inégales. La partie plus petite contenait la machine chauffeuse à la vapeur à cylindre vertical, de la force de 2 chevaux destinée à chauffer les wagons à voyageurs pour rendre tolérable la température hivernale aux malades transportés dans ces wagons. L'espace plus grand donnait séjour et commodités au chauffeur et au conducteur pendant le trajet. Il contenait 2 lits complets pour ces deux employés, puis les outils et les autres ustensiles nécessaires.

---

[1]) Le chemin de fer du Midi d'Autriche serait le plus propre pour instituer ces voyages d'essai; au trajet en amont et en aval du Semmering on se trouverait exposé, au bout d'un temps relativement court, à des températures très-variées que l'on réglerait avec l'appareil de chauffage; en même temps on aurait occasion d'examiner l'influence de la très variable vitesse du train sur le mouvement de la température.

[2]) *Hirschberg* Nr. 37, page 38.

Pour faciliter l'introduction de la vapeur dans les wagons à voyageurs voici les arrangements que l'on avait faits: Des tuyaux en fonte tordus en serpent couraient enchassés sous chaque siège, et communiquaient d'un wagon à l'autre au moyen de tuyaux en caoutchouc vissés sur les extrémités, de manière que la vapeur jetée par la pompe, traversait à partir de la pompe en un courant continu tous les tuyaux en fer et en caoutchouc jusqu'au dernier siège du dernier wagon où son effet se faisait encore bien sentir. Les wagons à chauffer sont naturellement attachés sans intermédiaire au wagon-chauffeur, de manière que la vapeur est conduite à volonté ou dans le premier wagon seul, ou dans les deux premiers, ou dans les trois premiers etc.

A l'arrière de chaque wagon se trouve, devant le tuyau do caoutschouc, un robinet avec lequel on peut fermer l'entrée de la vapeur aux wagons que l'on ne veut pas chauffer."

Les renseignements rares que j'ai pu me procurer sur les résultats de ce mode de chauffage, diffèrent beaucoup entre-eux. Ainsi, M. le Docteur *Stör*[1] dit que „le chauffage à la vapeur à parfaitement répondu à l'attente"; tandis qué M. le professeur *Herz*[2] rapporte ce qui suit:

„Quant au chauffage, il est difficile de satisfaire à toutes les exigences. Nos blessés et malades, par exemple, (aux mois d'Octobre-Novembre) ne se plaignaient

---

[1] *Hirschberg* Nr. 37, page 59.

[2] *Hirschberg* Nr. 37, page 51.

pas, ni ceux couchés dans les lits, ni les autres, assis dans les voitures, bien que nous eûmes plusieurs degrés de froid. Il est vrai que nous avions réquisitionné de la paille et des couvertures, celles que nous possédions n'ayant pas suffi. Mais les plaintes des médecins et des infirmiers étaient d'autant plus vives. Il est donc absolument indispensable en automne et en hiver de pourvoir toutes les voitures d'appareils de chauffage. Il ne faut pas perdre de vue la circonstance, que les blessés supportent plus aisément et sans préjudice pour leur état certain degré de froid, tandis qu'il n'en est pas de même pour les malades internes, les faibles et les convalescents."

M. *Peltzer* [1]) énonce une opinion bien peu favorable sur le chauffage à la vapeur des wagons bavarois. Il dit:

„Du côté des Bavarois on a fait un essai de chauffage à la vapeur; à cet effet on rangea dans le train derrière la cuisine un wagon-machine spécial; de là partirent de forts tuyaux conducteurs le long et au-dessous des voitures de voyageurs contenant les malades assis. Les voitures où étaient placés les gravement malades étaient chauffées par des poêles. Aux endroits ou les bouts de deux voitures voisines font naître un interstice, les tuyaux étaient transbordés au moyen d'un coude; la chaleur ainsi introduite dans les wagons paraît avoir été suffisante comme quantité.

---

[1]) *Peltzer* Nr. 32, page 30.

Mais bientôt on découvrit sur les coudes des tuyaux plusieurs endroits défectueux ou avariés, par où la vapeur échappait en sifflant, ou bien, l'eau condensée à l'interieur des tuyaux de jonction par suite de la température basse de l'atmosphère filtrait à travers des fuites. Malgré cela, le chauffage des wagons par la vapeur d'eau chauffée est évidemment une des méthodes les plus pratiques en son genre, car une fois que le mécanisme et l'appareil correspondant sera arrivé à toute sa perfection, on pourra nonseulement économiser l'espace pour 2 lits dans les wagons des malades, mais on trouvera aussi moyen de mettre très-utilement la machine à vapeur en communication avec un système aspirant et foulant de tuyaux-ventilateurs."

Dans un rapport sur les différentes méthodes de chauffage des voitures de chemin de fer, publié dans la Gazette des Chemins de fer, nous lisons:

„Le chauffage à la vapeur, exécuté par *Haag* et par d'autres, n'est pas exempt des inconvénients connus des accouplements; il est sujet au besoin d'une chaudière à part et exige un chauffeur éprouvé; il pêche par l'incapacité d'envoyer la chaleur à plus de 6 ou 8 voitures ainsi que par les grands frais d'installation et de service. En outre, il a l'inconvenient, commun à toutes les tuyauteries faisant rayonner la chaleur, de répandre une mauvaise odeur par suite de l'échauffement de la poussière qui s'y attache."

Le système *Michaelis & Pereira* (Vienne, Kolowratring 6) est aussi, quant à l'essentiel, une sorte de chauffage à la vapeur; la description qui suit est tirée d'un prospectus de cette fabrique:

„Le principe du chauffage est fondé sur l'utilisation des gaz chauds accumulés en pure perte dans la boîte à fumée de la locomotive, ces gaz accusant une température de 150 à 300 degrés de chaleur, tandis que celle des particules de charbon en ignition monte jusqu'à 800 degrés. Ces gaz sont chassé par un système de tuyaux continu jusqu'au bout du train, et la chaleur rayonnante est jetée par des embranchements spéciaux, dans chaque coupé séparément, de manière que l'on peut à volonté injecter tout ou partie de la chaleur ou ne pas en injecter du tout.

Un tuyau en tôle zinguée ou en feuilles de cuivre est conduit de la boîte à fumée sous les essieux de la locomotive et du tender jusqu'à la voiture-magasin des bagages. L'accouplement des tuyaux entre la machine et le tender est effectué au moyen de genoux à boule ordinaires. A la partie postérieure du tender et du côté de bout de chaque wagon, les tuyaux, après avoir été conduit au-dessus du crochet de traction au milieu de la paroi de bout, sont introduits dans des buttoirs élastiques à larges rebords de feutre qui se compriment mutuellement lorsque les wagons sont poussés les uns contre les autres; ces rebords étant flexibles en tous sens, ils suivent tous les mouvements du wagon ainsi que les changements de hauteur du buttoir et restent parfaitement étanches contre la vapeur et l'air. Au-dessous de la charpente de support du wagon aux bagages se trouve enchassé dans le tuyau de conduite un ventilateur agissant dans les deux sens du train, lequel est remué par transmission pendant la marche, par les essieux du wagon aux bagages, aspire une partie des gaz de la boîte à fumée et les chasse à l'arrière du train.

Pour chauffer à l'avance le train pendant un arrêt ou avant le départ, le machiniste peut à volonté faire entrer dans le tuyau de conduite de la vapeur sortant directement de la chaudière. Cela peut se faire aussi pendant le trajet dans le but de décharger la locomotive de son surplus de vapeur, notamment sur les pentes où la température de la boîte à fumée baisse et où la vapeur devient de trop. Pour le déchargement de l'eau formée par la condensation, il y a des flotteurs automatiques faisant fermeture imperméable à la vapeur et à l'air, mais qui permettent le prompt écoulement de l'eau.

Aux deux extrémités du wagon chaque tuyau porte des capsules faciles à enlever pour permettre le nettoyage du tuyau ouvert d'un bout à l'autre; toutefois les cendres entrainées ne peuvent jamais s'amonceler.

La *ventilation* est effectuée au moyen de tambours à vent automatiques agissant à volonté et dans les deux sens du train, appliqués au tuyau de conduite de chaque wagon, et démontables. A l'intérieur du coupé il y a des ouvertures debouchant du tuyau que l'on peut fermer à volonté lorsque la journée est chaude.

Le *mécanisme des signaux* est mis en train d'une part au moyen de surfaces d'attouchement métalliques fixées sur les rebords des buttoirs élastiques, et d'autre part par les fils passant d'un bout à l'autre de chaque wagon. Sur le wagon même ce sont les appareils de tirage qui interviennent dans la transmission des signaux jusqu'au wagon aux bagages contenant les *sonnettes d'alarme* placées à la portée du conducteur du train, et la batterie des boutons à pression à l'intérieur du coupé met en mouvement les sonnettes d'alarme sous la simple pression du doigt du voyageur; elles sonnent spontané- ment lorsqu'une partie du train se détache, ou que par suite d'un déraillement etc. les surfaces métalliques se trouvent mises hors contact avec les sonnettes.

On voit donc que les avantages du système ainsi décrit se résument par

1. la combinaison d'un signal d'alarme et de la ven- tilation;
2. l'absence de tous frais de service;
3. son adaptation très peu coûteuse aux voitures soit neuves soit anciennes;
4. l'absence de tout foyer de feu;
5. l'activité automatique de tous les organes et parties constitutives;
6. la possibilité de ranger le train sans empêchement;
7. la facilité de surveillance et de manipulation;
8. la contribution au fonctionnement de la locomotive.

Ce système aussi n'est pas resté exempt d'objections de la part des hommes techniques; on lui reproche par exemple, des montages trop compliqués sur la locomotive, les dimensions trop grandes et la pésanteur des tuyaux, l'enlèvement de forces à la locomotive etc. Des épreuves pratiques de l'action de ce système appliqué à des trains plus longs et sous le régime de températures différentes nous manquent, autant que je sais.

M. *Bonnefond* [1]) a introduit le *chauffage à l'eau* dans le wagon des médecins; il en parle comme suit:

„L'appareil de chauffage est installé d'après le système de l'eau courante; il est calculé à chauffer doucement pour empêcher la congélation de l'eau contenue dans deux réservoirs dissimulés dans le plafond, et qui sert à fournir les toilettes placées dans les cabines des médecins, et le cabinet d'aisance. — Cet appareil reçoit au moyen de tuyaux, remplis d'eau chaude, placés en continuité sous le plancher, un degré de chaleur uniforme dans les bassinoires deposées et masquées sous le tapis et le sopha de chaque cabine."

M. *Mundy* a assisté aux essais de chauffage de ce wagon, et m'a informé que le premier appareil de chauffage que l'on avait choisi, donnait une chaleur si forte qu'on était forcé d'en prendre un plus petit.

Autant que j'ai pu m'orienter, je pense que le mode de chauffage ci-dessus décrit répond aux système *Briquet & Weïbel* de Genève, et fut approuvé encore ailleurs. Toutefois, ce mode aussi bien que les autres exige que chaque wagon contienne un poêle entouré d'une chemise contenant dans son creux l'eau que l'on fait passer de là dans les tuyaux posés dans les voitures suivant le besoin, chaque wagon de blessés recevrait son installa-

---

[1]) *Bonnefond* Nr. 52.

tion à part ce qui reviendrait trop coûteux. — Ce serait
un avantage considérable si l'on pouvait se passer du
poêle dans le wagon; on y gagnerait de la place, et
on a, en effet, essayé déjà des systèmes de chauffage à
l'eau où le poêle se trouve placé du côté extérieur du
wagon.

De même, on a essayé *le chauffage à l'air* dans
les trains, par exemple au chemin de fer du Nord autrichien, on dit cependant que ce système a les mêmes
inconvénients que le chauffage à la vapeur.

La fabrique de MM. *Freiss & Hentschel* à Simmering près Vienne a aussi proposé un *système de chauffage avce ventilation* qui n'est pas encore soumis à l'é-
preuve par la voie pratique. Ce système est fondé sur
le principe suivant lequel la locomotive doit fournir le
surplus de son eau et de sa vapeur pour les faire cir-
culer à travers les tuyaux. Si le remplissage des grandes chauffeuses du wagon de la cour au chemin de fer
François Joseph se fait par ce moyen, ajoutons vite que
c'est là une concession faite exclusivement au wagon
de la cour, en général les ingénieurs mécaniciens des
chemins de fer repoussent en principe la demande que
la locomotive soit chargée en sus de ses fonctions, encore du chauffage des voitures; de leur côté, les administrations des chemins de fer n'ont aucune envie
d'augmenter les complications inhérentes à l'accouplement et au rangement des wagons par des systèmes
de chauffage consistant en tuyaux qui passent d'un wagon
à l'autre. Il faudrait essayer si cette opposition fléchi-

rait dans le cas où l'un ou l'autre de ces systèmes venait à se montrer spécialement bon et peu coûteux.

Les chauffeuses et *les briquettes*[1]) en charbon préparé sont à peine applicables aux wagons des blessés.

Le chauffage de ces wagons au moyen de poêles — nous l'avons déjà dit plus haut — a rendu d'assez bons services quoiqu'on l'estime le plus cher de tous en pratique; le perfectionnement des poêles le fera fonctionner encore plus régulièrement, et il se recommande, de plus, par la simplicité de son installation.

A côté de ces avantages il y aussi des inconvénients que l'on ne doit pas méconnaître, les autorités sanitaires militaires feraient donc bien de suivre aussi d'un oeil attentif les progrès que font les autres modes de chauffage des wagons.

L'expérience des années 1870—1871 nous a appris combien il est nécessaire de protéger les blessés dans les wagons nonseulement contre le froid excessif en hiver, mais de leur donner cette protection en été aussi *contre la trop grande chaleur.*

A la Conférence de Vienne M. *Virchow* a fait remarquer que le rayonnement de chaleur produit par les toits de wagons chauffées par le soleil devient successivement insupportable principalement pour les malades couchés sur les lits placés en haut, et qu'il peut devenir dangereux aux fiévreux. Le système à lanter-

---

[1]) Système adopté pour les voitures de cour au chemin de fer Imperatrice Elisabeth.

neaux ne pourra pas faire cesser cet inconvenient d'une manière complète, lors même que tout ses stores resteraient ouverts; il est entendu que les lanterneaux doivent être munis de jalousies ou de rideaux solidement ouvrés, couvrant à l'intérieur tout l'espace occupé par les lanterneaux sur le toit, à l'instar des rideaux que l'on tire par dessous les lanternes dans les voitures ordinaires de chemin de fer. Cependant il reste toujours une bonne partie de plafond de bois qui sera fortement chauffé par le soleil. La question, si la proposition de M. *Virchow*, tendant à doubler le plafond de la voiture en laissant un espace entre deux, serait facile à exécuter, et si cet arrangement peut suffisamment protéger contre le rayonnement de la chaleur, ne saurait être décidée que par des hommes techniques.

Par ce qui précéde nous avons constaté comment il convient de régler l'air et la température de l'intérieur d'un wagon de chemin de fer pour le transformer en un séjour convenable à la longue pour les blessés; nous passerons maintenant à discuter *le genre de wagons qu'il faut employer*. Jusqu'à présent cette question a été catégoriquement posée ainsi: faut-il se servir de wagons à marchandises ou de wagons de voyageurs? Nous avons relevé au commencement de cette section qu'aucun des systèmes de wagon actuels ne se prête tel quel au transport des blessés. Nous partons donc de la supposition qu'on ne se servira que de wagons à lanterneaux suffisamment grands, attendu, que tout autre genre de ventilation de voitures est ou insuffisant ou nuisible aux blessés, et nous ajouterons maintenant, que tout wagon à espace vide peut être adapté au transport des blessés pourvu qu'il aît des portes de bout. Du moment donc où l'on voudrait se servir de wagons de voyageurs divisés en coupés, il faudrait que les parois intermédiaires des coupés et les sièges puissent être enlevés, on fermerait alors soigneusement les portes latérales, et on couperait des portes de bout. Or, c'est une entreprise bien compliquée, de sorte que les wagons à coupé nous semblent les moins recommandables. Là où l'on a des wagons à voyageurs avec des portes de bout et passage par le milieu, on n'aurait qu'à faire des banquettes démontables. Ce serait le mode le plus simple. En Allemagne, les voitures à voyageurs seraient d'autant plus aptes au transport des blessés que leurs ressorts sont beaucoup plus doux que ceux des wagons à marchandises. Nous y reviendrons plus tard. — Veut-on employer des wagons à marchandises (sur lesquels on monterait d'abord des lanterneaux, ce qu'on devrait faire à l'avenir sur tous les wagons à voyageurs), il ne faut y mettre que des portes de bout. — Il convient que les lanterneaux soient si grands que l'intérieur en soit suffisamment éclairé et qu'on puisse se passer de fenêtres de côté et de bout. La-dessus j'étais auparavant d'un autre avis, il me semblait cruel d'enfermer les blessés dans un espace d'où ils ne pourraient pas regarder dehors. Mais en réfléchissant plus mûrement et consultant les expériences recueillies dans les différents rapports sur les traîns sanitaires, je suis revenu sur cette manière de voir. En mettant des

fenêtres aux wagons à marchandises on serait obligé,
pour procurer le plaisir de la vue du paysage aux blessés couchés en haut et en bas, couper une rangée de
fenêtres supérieure et une inférieure; les fenêtres des
wagons à voyageurs sont situées de manière à ne servir
qu'aux blessés couchés en haut. Si les fenêtres sont
petites, elles ont peu de valeur pour les blessés dont
les mouvements sont, après tout, restreints; si les fenêtres sont grandes, cela nécessitera des arrangements ayant
pour but de les fermer en été avec des jalousies, et en
hiver avec des volets, attendu que les rapports nous
informent qu'on était forcé assez souvent de bourrer les
fenêtres avec des couvertures pour empêcher l'infiltration du froid. Ainsi, en exigeant en principe des fenêtres
latérales pour les wagons à marchandises appropriés au
transport des blessés, on demanderait une installation
tellement compliquée, qu'elle serait hors proportion avec
l'avantage que pourraient en retirer les blessés. D'un
autre côté, je ne voudrais pas non plus rejeter en principe
l'emploi de wagons à voyageurs munis de fenêtres latérales, au transport des blessés, je laisserais plutôt, sur
ce point là, une certaine latitude aux constructeurs de
chemins de fer.

Il existe une objection très-grave contre l'emploi
des wagons à marchandises, c'est que souvent ce wagons,
par suite du transport de chevaux et de bestiaux, de
pain et d'autres provisions corrompues, ont leurs parois
tellement infectées de mauvaise odeur pénétrante que
tout nettoyage et frottage sont faits en pure perte. On

doit écarter, naturellement, les wagons de ce genre du transport des blessés, dans les guerres de notre temps cet inconvénient se présentait souvent parceque les wagons de transpors de blessés formaient la règle et les trains sanitaires réguliers les exceptions. Il y a différence d'opinion chez les administrations et les ingénieurs de chemin de fer sur la question si, en temps de guerre il y aura disponibles plus de wagons à marchandises ou de wagons à voyageurs propres à la formation de trains sanitaires; sans doute cette question doit avoir un aspect différent pour les différentes lignes.

De tout ce que je viens de dire il résulte assez clairement, que je ne suis pas d'avis qu'un grand nombre de wagons soit tenu en réserve en temps de paix sans un emploi quelconque, pour être ensuite, lorque la guerre éclate, organisé en trains sanitaires. Ce serait un plan inexécutable et decidément peu pratique; ce que nous demandons est la ventilation par lanterneaux de tous les wagons à voyageurs à espace intérieur indivis; ensuite nons demandons que chaque administration de chemin de fer soit tenu d'avoir un nombre de wagons à marchandises pourvus, ou faciles à pourvoir de lanterneaux, et dans lesquels des portes de bout d'une largeur convenable pourront être coupées sans difficulté. Dès le début de la construction on projeterait la carcasse du wagon dans cette vue, et je ne crois pas qu'il puisse y avoir des difficultés. Deux objections ont été faites contre les lanterneaux permanents sur les wagons à marchandises: l'une par les administrations de chemin de fer, l'autre

par celles des douanes. — Les premières disent qu'étant
tenues de garantir la sécurité des marchandises contre
l'humidité et le feu, cette garantie serait impossible si
le chargement n'était couvert que par des vitres en
haut, un seul carreau cassé pourrait éventuellement amener une perte de plusieurs milliers d'écus. L'administration des douanes fait valoir à son tour la facilité fournie
par les lanterneaux pour faire entrer dans les wagons
ou en faire sortir des marchandises sans qu'on puisse
maintenir un contrôle efficace.

Quant à moi, je suis d'opinion que ces difficultés
seraient facilement surmontées par l'art technique. M.
Bonnefond[1]) a proposé de remplacer en temps de paix
le verre par la tôle, ou de placer devant le verre à l'intérieur une plaque de tôle. Un arrangement de ce genre
se voit sur les wagons à marchandises ayant des fenêtres
latérales, construits pour la Hongrie sur les chantiers de
la fabrique de wagons de Simmering, dirigée par M. *Zipperling,* en prévision de servir aussi, le cas échéant, aux
transports militaires. D'ailleurs on pourrait, en temps de
paix, avoir le plafond solide d'un bout à l'autre sous
les lanterneaux, mais construit de manière à pouvoir enlever la pièce correspondante en temps de guerre, ainsi
que les pièces de la paroi où seraient placées les portes
de bout. Ou si l'on craint de voir fréquemment cassés
les lanterneaux sans emploi, en ce cas on se bornera à
faire l'enchassure au plafond signalée ci-dessus, et ne fera

---

[1]) *Bonnefond* Nr. 52.

monter les lanterneaux qu'en temps de guerre[1]). L'art technique de notre temps est tellement avancé qu'il est impossible que ses adeptes puissent reculer devant un tâche pareille sans l'avoir essayée. — Il y a une autre difficulté d'une nature plus grave, c'est que les entrees des tunels et des gares sont si basses dans certains pays que les wagons actuels, surhaussés par les lanterneaux, ne pourraient pas passer partout. Là dessus on devrait faire d'abord des enquêtes exactes, et introduire ensuite des modifications correspondantes dans la construction des wagons[2]).

*   *
*

L'ordre des choses nous conduit naturellement à discuter maintenant *le chargement et le déchargement des blessés, puis l'arrangement des lits et les différents systèmes de couchers dans les wagons.* Mais toutes ces questions sont tellement connexes entre elles et avec *le nombre de blessés à transporter dans un wagon* qu'il est difficile de les traiter séparément attendu que l'une très-souvent se fonde immédiatement sur l'autre.

Il existe une rare unanimité à reconnaître que *le systèmè d'intercommunication de tous les wagons d'un train d'ambulance doit être absolument maintenu dans l'intérêt de la nourriture et du traitement des blessés.*

---

[1]) D'après les renseignements que nous avons pris, certaines fabriques seraient à même de livrer des milliers de lanterneaux dans la quinzaine.
[2]) *Peltzer* Nr. 32, page 31.

D'après ce principe, tous les systèmes dans lesquels on fait emploi aussi de l'espace du milieu, tombent d'eux-mêmes, notamment célui de mettre trois ou quatre lits ou brancards à ressort, ou un nombre égal de paillasses dans la partie antérieure ou postérieure d'un wagon à marchandises chargé par les portes latérales; de même le système de traversins sur lesquels on pose ou suspend 6 brancards dans la partie antérieure et autant dans la partie postérieure du wagon[1]); ceux des systèmes doivent tomber également, dans lesquels les lits sont rangés dans l'axe transvérsale du wagon.

Dès qu'il reste un passage par le milieu suivant la longueur du wagon, les lits ne sauraient être rangés que des deux côtés de ce passage; les wagons construits jusqu'à ce jour ont tous une largeur suffisante pour laisser un espace pour le passage du milieu et pour le diamètre transversal de deux lits suffisamment larges.

Il y à des voitures à voyageurs et à marchandises dont l'espace intérieur est assez long pour permettre la mise de trois lits de chaque côté les uns à la suite des autres; cela donnerait donc 6 lits. Cet arrangement n'est pas recommandable en tous points; il faut que la place d'un lit soit inoccupée d'une part pour pouvoir y monter un poêle et un cabinet d'aisance, et d'autre part pour réserver la place pour une armoire ou des

---

[1]) Ce système a prévalu dans une partie des wagons d'ambulance saxons. *Peltzer* Nr. 32, page 26. — Le système de couchers par *Grund*, décrit par *Löffler* Nr. 15, page 251, n'admet pas non plus une intercommunication.

tablettes où l'on aurait sous la main plusieurs ustensiles à l'usage des blessés; en effet, les médecins qui ont servi sur les trains sanitaires se plaignaient souvent du manque de place pour déposer momentanément cuvettes à pansement, irrigateurs, bassins de lits, urinals etc. On ne pourrait donc compter que sur 5 lits sur un plan dans les wagons longs, et sur 4 dans les wagons courts. Certes, s'il était possible de faire valoir le principe du bien-être et de l'aisance dans toutes les situations concernant l'assistance donnée aux blessés et aux malades par les institutions humanitaires, nous proposerions volontiers que les grandes salles des hôpitaux ne soient occupées que de 5 ou 6 lits de malades où il y en a actuellement 20; de là nous ne pourrions que nous réjouir de pouvoir placer dans un wagon à blessés 4 à 5 sujets seulement, couchés confortablement dans des lits commodes, comme c'était le cas pour les wagons du train sanitaire exposé par la Bavière. En poussant à l'extrème les conséquence de ce principe nous serions amenés à dire que le blessé serait placé au mieux s'il pouvait rester seul dans un wagon, couché dans un lit commode et large, bercé par des ressorts doux et soigné par un médecin, un infirmier etc. spécialement attachés à lui.

Il serait nuisible à l'égard de ce qui peut être atteint en pratique, si les médecins et les humanistes poussaient si loin leurs exigences. Ce serait une dépense très lourde, trop lourde pour en prendre sur soi la responsabilité en face des autres charges incombant à l'Etat en temps de guerre, si on voulait ne transporter dans un wagon que 4 à 5 blessés à la fois. Attendu qu'en considération de la vitesse du train et des arrangements pour la nourriture et par plusieures autres considérations techniques le nombre des wagons d'un train sanitaire doit être restreint; que le nombre des trains sanitaires ne peut, par maintes raisons dépasser un certain chiffre, il en résulte le devoir de transporter dans un wagon autant de blessés qu'en admettent les principes hygiéniques sans porter préjudice à la santé des blessés. Il n'est pas non plus recommandable que les sociétés de secours mettent un orgueil spécial dans les installations d'un luxe exceptionnel, ou que leur amour-propre les incite à créer des trains d'ambulance éminemment confortables et élégants; cette manière d'agir serait contraire au principe de l'égalité qui doit régner à l'égard des militaires blessés. Si l'on veut installer par ci par là quelques wagons à part à l'usage des officiers il n'y a pas beaucoup à redire à cela, car la conduite des officiers quant à la bravoure et la persévérance était si admirable qu'elle mérite toutes les distinctions.

Revenons aux wagons des blessés. Il y a lieu d'établir dans un second plan au-dessus du premier un deuxième système de lits à l'instar des cabines superposées à bord des navires. On pourrait installer ainsi de 8 à 10 lits dans chaque wagon[1]).

---

[1]) „Sous le rapport du confort, partant aussi sous celui des frais de transport les trains sanitaires bavarois sont allé plus loin que tous les autres. Avec une capacité de 32 mètres

Quant à un troisième système de lit sur un plan encore plus haut placé, je le repousse décidément, par la raison qu'il y a à envisager des transports d'une durée de plusieurs jours. Dans les wagons américains il y avait partout trois rangées de lits les uns au dessus des autres, et les wagons étaient d'une longueur telle qu'il y avait de la place pour 5 lits de chaque côté se suivant dans le sens de la longueur du wagon; celui ci contenait donc 30 lits. Toutefois, ces voyages ne duraient qu'une demi-journée, par exception une journée au plus. Le train français[1]) était aussi préparé à pouvoir monter au besoin 3 rangées de lits les unes au dessus des autres; en principe, je n'y donnerais pas mon suffrage, car nonobstant que l'on aurait l'intention de ne s'en servir qu'en cas de nécessité, la guerre ne fournirait que trop aisément ce cas. Ajoutons à cela qu'une installation comme celle-ci, si l'on veut l'appliquer à un grand nombre de wagons, nécessitera une masse très considerable de matelas, couvertures, plats, gamelles, cuillers etc. de réserve, et qu'il faudrait beaucoup d'espace au wagon-magasin pour serrer ces objets: car l'éventualité de 5 blessés en plus dans

---

cubes ou à peu près, le wagon n'avait que 5 lits, par conséquent chaque lit possédait un espace d'air de 6,4 mètres cubes.

Les wagons prussiens ont environ 38 m. cubes d'espace intérieur, ce qui donne, avec la moyenne de 10 lits 3,8 m. cubes par tête.

Les wagons du Palatinat, avec 38 m. cubes de capacité donnent, à 8 lits par wagon, 3,6 m. cubes par lit." *Schmidt* Nr. 50, page 19.

[1]) *Bonnefond* Nr. 52.

chaque wagon, ferait, s'il y avait seulement 6 wagons,
monter leur nombre à 30 etc. — Que dire de la difficulté du pansement des blessés avec les trois étages superposés? elle serait presque insurmontable. — Mettons donc
deux étages, par conséquent 8 à 10 blessés dans un wagon comme chiffre normal que l'on ne changerait pas
autant que cela serait possible. Peut-être aussi que pour
un plus grand nombre de blessés la ventilation par lanterneaux ne serait plus suffisante.

Les wagons wurtembergeois sont considérablement
plus longs que la plupart de ceux appartenant à d'autres
administrations [1]); ils admettent, le cas échéant, le placement de 4 lits de chaque côté, et en doublant la rangée
sur un plan supérieur, on obtient la place pour 16 blessés
par wagon [2]). La Conférence internationale privée [3]) s'est
prononcée contre une semblable agglomération des blessés,
d'autant plus que l'expérience a prouvé que ces longs
wagons déraillent facilement ou ne peuvent pas servir
sur certaines courbes existant dans quelques pays. Bon
nombre des membres de la Conférence supposaient par
erreur que le nombre des essieux d'un wagon dépendait
de sa longueur, et qu'il suffisait de dire qu'on ne se servirait pour les trains sanitaires que de wagons à deux

---

[1]) Longueur: 38 à 39 pieds; largeur; 8 à 9 pieds. — *Peltzer*
Nr. 32, page 5.

[2]) *Sigel* (Nr. 26, page 20) dit que ces trains sont installés d'une
manière exemplaire, néanmoins il se prononce pour une réduction du nombre des lits à 12 ou 14.

[3]) Voir les Procès-verbaux.

essieux; mais les hommes techniques nous ont éclairé là-dessus en nous informant qu'il n'existait pas pour cela de règle fixe, puisq'il y a des wagons courts à 3 essieux et des wagons longs qui n'en ont que deux.

Nous arrivons maintenant à la question *quels doivent être les lits sur lesquels les blessés seront couchés dans les wagons*. Quant aux trains sanitaires prussiens cette question a reçu une solution provisoire pendant la guerre de 1870—1871. On a jugé nécessaire de faire usage du brancard de campagne réglementaire pour *tous* les genres de transport des blessés, y compris par conséquent, les blessés chargés dans les wagons [1]). En y refléchissant bien, on ne peut mettre en avant pour cela qu'un seul motif, savoir: que la fabrication et le remplacement *d'un seul* genre de brancards est une chose plus simple pour l'administration et moins chère que si l'on faisait usage de plusieurs sortes de brancards. Tous les autres considérants que l'on fait valoir, tombent à mon avis, dans le néant en face des expériences qui ont été faites jusqu'à ce jour. — L'opinion, vivement supportée auparavant par moi-même, suivant laquelle la suspension des lits dans les wagons, avec un certain degré de mobilité, serait la méthode exclusivement bonne, n'est plus soutenable aujourd'hui. Ainsi tombent les motifs que l'on peut mettre en avant à ce point de vue en faveur de l'emploi de brancards légers suspendus par leurs manches. — Les conditions que l'on doit exiger dans un brancard tout à

---

[1]) *Peltzer* (Nr. 32, page 11) adhère à ce principe.

la fois à porter à mains d'homme, à placer sur des roues
et à suspendre dans les voitures de blessés, ces conditions
se trouvent développées ailleurs[1]); la première est, qu'ils
soient assez légers pour être portés par un seul homme
mais cette qualité-là n'est pas compatible avec la solidité
et la largeur requises dans un lit permanent monté dans
un wagon. Les plaintes ne manquent pas, en effet, de
ce que les brancards de campagne prussiens étaient trop
étroits pour coucher dessus dans les wagons[2]), et qu'on
ait été obligé de compenser ce défaut avec des matelas
plus larges que les brancards[3]); ailleurs on se plaint que
les toiles de brancard se gonflaient bientôt et prenaient
la forme d'une auge ce qui nuisait beaucoup à l'aisance
du coucher. Or, ces inconvénients se manifesteraient plus
positivement encore dès que l'on venait à construire le
brancard unitaire et peut être international, conformé-
ment aux principes modernes, c'est à dire plus léger encore que le brancard prussien; comme couchers à l'usage
des blessés dans les wagons de chemin de fer ils seraient

---

[1]) Voir le Mémoire de M. *Mundy* à la suite de cet Essai.

[2]) Ces brancards sont d'une largeur de 75 centimètres; (*Peltzer*
Nr. 32, page 12) propose d'y appliquer encore une planche
d'appui pour les pieds, d'autres le jugent inutile. (*Wasserfuhr* Nr. 27, page 6.) — Pour la largeur des brancards-lits
bavarois et du Palatinat, voir *Schmidt* Nr. 50, page 19.

[3]) *Peltzer* Nr. 32, page 24. Il trouve aussi blamable, que „les
les piliers à l'intérieur des wagons de 4me classe étaient trop
distancés entre-eux soit dans le sens longitudinal, soit dans
le sens transversal, pour recevoir un brancard entre eux et la
paroi; en outre, les anneaux de suspension en fer n'étaient
pas fixés partout à la même hauteur."

Billroth et v. Mundy. Transport des blessés.   7

absolument impossibles pour les transports un peu longs.
— A mon avis il n'est ni nécessaire ni pratique d'étendre
l'unité des brancards de campagne aux installations des
wagons d'ambulance. — Voyons un peu comment se fait
en pratique le chargement des blessés dans les wagons.
Que les blessés soient chargés sur le train immédiatement après une bataille livrée après avoir été amené à
proximité d'une station de chemin de fer, ou qu'il s'agisse
de l'évacuation d'une ambulance voisine de la gare, le
train sanitaire doit en tout cas apporter les brancards
destinés à servir de lits dans les wagons, attendu que le
personnel de la Santé militaire ni les ambulances de campagne ne peuvent prêter à cet usage leurs brancards dont
ils auront besoin ultérieurement pendant la guerre, peut-
être dans peu de jours si une nouvelle bataille a lieu.
Il faut connaître, du reste, l'état où se trouvent après
une bataille ces brancards de campagne tous trempés de
sang, souvent chiffonnés et défigurés par les pluies, pour
comprendre de suite qu'on ne devrait pas les employer
comme lits pendant longtemps. Il en suit la nécessité
pour les trains d'ambulance d'avoir leurs propres brancards permanents faisant partie de leur inventaire; au
moment donné on les tirera des wagons, couchera les
blessés dessus, et les chargera ainsi dans les wagons à
leurs places fixes. Où voit-on là la nécessité que ces brancards-lits soient de même forme et construction que les
brancards de campagne? *Ce qui est uniquement nécessaire,
c'est d'avoir des brancards-lits amovibles dans les wagons
pour coucher le blessé dessus et le charger ainsi.* C'est là,

à mon avis, une nécessité absolue, attendu que le trans-
bordement des blessés du brancard sur le lit à l'intérieur
même du wagon est un procédé qui infligerait des tourments inutiles au blessé si l'on considère l'étroitesse de
l'espace. Il en résulte ultérieurement que nous croyons
devoir repousser en principe tous les lits fixes qui ne se
laissent pas enlever des wagons comme brancards, de
plus, que la largeur des brancards doit être en proportion déterminée avec la largeur des portes de chargement et de déchargement [1]).

Examinons maintenant *comment doivent être condi-
tionnés ces brancards-lits amovibles?* Le chassis d'abord
doit-être très solide, et avoir des manches d'une longueur
calculée tout juste pour les porteurs; sur ce chassis sera
tendu un fond de sangle comme ceux tendus sous les
matelas des lits ordinaires; sur ce fond on placera un
matelas de crin bien piqué d'une hauteur de 4 à 5 pouces, et un oreiller également bourré de crin, un drap par-
dessus le matelas et sur le drap, à l'endroit correspondant aux parties blessées, une grande pièce d'étoffe molle,
imperméable, pour protéger la propreté du drap et sur-

---

[1]) Les brancards-lits, très-commodes et larges, des trains d'ambulance bavarois étaient, à la vérité, d'une construction qui
permettait de les enlever de dessus les bois de lit à sommier
élastique, mais on ne pouvait pas les faire passer par les portes
de bout des wagons de voyageurs, les brancards étant plus
larges que ces portes. Pourquoi? parceque les brancards avaient
été commandés à l'origine pour servir dans des wagons à marchandises, où on les fit entrer par les larges portes latérales.
Hirschberg Nr. 37, page 56. Rapport *Heller.*

tout celle du matelas. Un brancard-lit pareil n'est pas assez léger pour servir à volonté tantôt comme brancard de campagne et tantôt comme lit dans le wagon, il faut toutefois qu'il soit portable avec le blessé couché dessus par deux hommes, munis s'il le faut, de sangles passées à travers les épaules, jusqu'à l'intérieur du wagon où il sera mis à sa place définitive avec l'assistance de deux aides.

Là où les grandes portes latérales des wagons à marchandises ne sont pas embarrassées par des poêles ou des lits, le chargement se fera toujours par là de la manière la plus commode, principalement quand le train aborde un perron d'embarcadère d'une hauteur convenable. Mais si nous refléchissons d'une part que les administrations font construire de plus en plus rarement de ces hauts perrons (en Autriche il n'y en a presque pas du tout), et que d'autre part il est très probable que les gouvernements et les Sociétés insisteront sur ce que l'espace intérieur des wagons soit toujours utilisé autant que possible pour l'installation de 10 lits, alors les grandes portes latérales ne pourront plus servir pour le chargement des blessés et devront rester condamnées. — En ce cas le chargement et le déchargement des blessés ne pourra avoir lieu *que par les portes de bout*. Dans les systèmes de construction des wagons les plus généralement répandus jusqu'à présent, ceci est un point qui mérite une attention particulière. — Examinons d'abord les wagons à voyageurs, auxquels nous supposons des portes de bout suffisamment larges, et nous trouverons que les galeries du perron de la voiture opposent un obstacle bien grave au chargement, et qui peut devenir insurmontable là où les perrons ont des supports qui portent son toit-marquise. Cette construction doit être absolument rejetée pour les wagons des blessés. Mais les galeries elles-mêmes gênent déjà considérablement le chargement des blessés; je ne doute guère qu'il ne soit possible d'écarter cette obstacle à l'aide de 4 à 6 porteurs habiles, mais il serait plus pratique d'économiser cette force vivante en construisant les galeries de manière qu'elles puissent être démontées, ce qui se faisait sur le train français avec précision et facilité [1]). Il a été remarqué, qu'on était libre de découpler, de distraire les wagons, et qu'à l'aide d'un marche-pied le chargement se ferait très-bien par-dessus les galeries, mais c'est en tout cas chose plus difficile que si les galeries se laissent démonter [2]). Il est sousentendu que les

---

[1]) *Bonnefond* Nr. 50.

[2]) A première vue, la possibilité de démonter les galéries des perrons sur les voitures françaises a dû paraître a beaucoup de monde un arrangement commode mais pas trop nécessaire, et qui compliquerait toujours en quelque sorte la construction du wagon; cette opinion reçoit encore plus de force quand on lit dans certains rapports que le chargement et déchargement des blessés par les trains wurtembergeois et bavarois s'accomplissait sans difficulté. Il faut néanmoins prêter attention encore à d'autres voix qui se prononcent moins favorablement sur ces derniers. Ainsi, M. *Peltzer* (Nr. 32, page 21) dit:

„En ce qui concerne de près ce chargement des malades et blessés sur les wagons des trains sanitaires, il y a à remarquer, qu'il rencontrait souvent en proportion moins de difficultés avec les wagons à marchandises (si toutefois les

marches du perron et les passerelles conduisant d'un
wagon à l'autre doivent être larges et présenter toute la
sécurité requise; en général, ce sont précisément les
wagons des trains d'ambulance, pour lesquels il y a lieu
d'exiger la dernière perfection dans l'exécution technique;
on n'a qu'à compulser certains rapport pour comprendre
quelles difficultés on rencontre en route lorsqu'il s'agit
de faire des réparations techniques, et on reconnaîtra
combien est justifiée cette exigence.

----

portes à coulisses latérales étaient assez larges) qu'il n'en
était le cas avec certains wagons de voyageurs. Pour ces
derniers, les freins, les rampes de perron passablement rapides,
ou la courte distance entre les bouts de deux wagons rendaient
souvent difficile l'operation, et on était obligé d'appeler à
l'aide des soldats ou d'autres hommes forts pour exécuter la
manoeuvre d'une manière qui ne fût pas trop alarmante pour
le malade. Malgré cela c'était toujours un procédé assez pénible aux blessés, de sorte que les Wurtembergeois préféraient
toujours de découpler leurs wagons avec l'assistance de leurs
employés de chemin de fer, ce qu'ils regardaient comme chose
plus simple. Il est vrai que l'accouplement des wagons wurtembergeois est beaucoup moins compliqué que celui des wagons prussiens; il est fait au moyen d'un fort boulon en fer
forgé, tandis que chez les Prussiens on tourne une vis et on
accroche deux chaînes de sûreté. Le découplement des voitures
présente cet avantage que nonseulement on peut charger les
malades et blessés simultanément sur deux voitures qui se
suivent, mais aussi des deux bouts d'une même voiture. Mais
malgré cela, le temps et les conditions qui règnent dans les
gares en pays ennemi s'opposent à l'emploi de cet expédient
dans la plupart des cas, et du moment où l'on veut s'en tenir
à certaines règles, à apprendre par l'exercice, concernant le
chargement des brancards sur les wagons, cette opération se
fera toujours sans encombre, même avec des wagons non dé-
couplés.

Pour ce qui regarde l'emploi de wagons à marchandises, il est évident par les motifs déjà mentionnés qu'on ne pourra utiliser que ceux ayant des perrons aux deux bouts, ce qui ne se trouve pas toujours sur les wagons actuellement en usage. Quant à la largeur des portes de bout et le montage des galeries de perron, nous renvoyons le lecteur à ce qui a été dit plus haut. Faire les portes de bout tellement étroits que les brancards-lits ne puissent pas entrer par là, me semble peu convenable [1]), vu qu'en hiver il est très-désirable de tenir les grandes portes latérales absolument fermées.

Passons maintenant à discuter la question, *de quelle manière il convient de fixer les lits dans les wagons pour que les blessés soient autant que possible préservés de l'ébranlement et des chocs pendant la marche du train*, question qui, antérieurement aux expériences recueillies pendant la guerre de 1870—1871 avait tellement absorbé l'attention des esprits intéressés dans la question, que cela fait naître l'impression comme si tout le monde eût vécu dans l'illusion que cela seul résoudrait toutes les difficultés du transport des blessés sur les chemins de fer.

Il a été mentionné dans notre Introduction [2]) que dans son premier ouvrage M. *Gurlt*, partant du principe des hamacs en usage à bord des navires, avait proposé la libre suspension des lits de blessés dans les wagons,

---

[1]) *Schmidt* (Nr. 50, page 12) ne veut donner aux portes de bout que 0.60 m.

[2]) page 27.

et que ce système s'est montré mauvais en pratique. Autrefois j'étais moi-même très-porté pour ce système mais les études et expériences que j'ai faites plus tard m'obligent de le déclarer impraticable. Par le fait que tous les mouvements des wagons se traduisent sur les hamacs balancés dans l'espace, en fortes oscillations soit d'un côtê à l'autre, soit du devant à l'arrière, les personnes couchées dedans ne restent jamais en repos et sont bientôt prises d'un vertige continu et de vomissements. Pour éviter cela, il a fallu arrêter les mouvements oscillatoires et fixer les lits des blessés contre les parois latérales de manière à faire cesser presque tout mouvement, ce que faisant, le principe des hamacs d'où partait la méthode de suspension se trouve anéanti; il ne reste que la fixation des lits les uns audessus des autros au moyen de cordes avec ou sans ressorts intercalés, et leur fixation contre les parois latérales au moyen de crochets etc.

Les meilleurs systèmes de longue suspension, notamment ceux de E. *Meyer* (Hanovre)[1], *Hennicke* et *Plambeck*[2] (Hambourg) se sont transformés de cette façon en lits passablement fixes, lesquels ont certainement rendu d'excellents services, ce qu'il faut dûment reconnaître, mais qui ne sauraient plus entrer en question dès qu'il s'agit d'une installation de trains d'ambulance preparée d'avance.

---

[1] Nr. 19; hautement louée par M. *Esmarch* à l'assemblée de Nuremberg (Nr. 24 et 25, page 235).

[2] Nr. 29 et 49.

Si l'on veut transporter des blessés chargés sur des lits fixes superposés dans les wagons, on le fera plus sûrement et avec des moyens plus simples en suivant d'autres systèmes.

Considérons, en première ligne, les différents genres de mouvements auxquels les voyageurs se trouvent exposés dans les wagons, outre le mouvement en avant. Les montées des chemins de fer (je fais abstraction ici des systèmes particuliers des chemins de fer de montagne, comme celui du Righi etc.) ne sont jamais si rapides et si soudaines pour mettre le blessé en danger de glisser du lit en avant ou en arrière; de là, la libre suspension des lits n'aurait pas de sens par rapport aux mouvements produits par les montées et les déclivités de la ligne. C'est là que se manifeste une *différence essentielle* entre le transport des blessés en wagons de chemin de fer et celui en voitures routières; ces dernières sont dans le cas de passer à l'occasion par monts et par vaux; le blessé étant librement suspendu dans son lit, restera toujours en position horizontale, si, au contraire, son lit est fixé, il se sent avec désagrément glisser de son lit en avant ou en arrière. La même chose arrive lorsque les voitures roulent sur un plan latéralement incliné, ce qui n'a pas lieu au même degré avec les wagons de chemin de fer. Dans le Mémoire de M. *Mundy* faisant suite au présent, ces relations seront ex professo débattues.

Il nous reste à considérer 1° les petits chocs arrivant inopinément, agissant vers le haut, vers le bas ou vers le côté et produits par la jointure défectueuse des rails; 2° les secousses tremblotantes et fortes, causées par le frictionnement des roues contre les rails surtout lorsque les freins sont vivement manoeuvrés, et dont l'effet est insupportable; 3° l'oscillation latérale des wagons sur des rails usés ou relâchés, sur certains genres de courbes, et qui se manifeste, lorsque le train marche rapidement, surtout dans les derniers wagons de trains un peu longs.

Qu'a-t-on fait jusqu'à présent et que pourra-t-on faire pour garantir les blessés des effets de ces mouvements?

Contre les petits chocs soudains agissant vers le haut et le bas, ainsi que contre les secousses continuelles dues au frictionnement, les voyageurs de chemin de fer sont protégés jusqu'à un certain degré par les ressorts du wagon; plus ces ressorts sont doux moins le voyageur ou le blessé se ressentira de ces mouvements. Presqu'autant que ces ressorts contribuent aussi les coussins épais à ressort à rendre les chocs insensibles aux voyageurs; cependant la forte commotion des wagons produite par l'application brusque du frein ne saurait être complétement paralysée même par les ressorts le mieux faits; la commotion est bien adoucie en effet pour ceux qui étendent leurs membres sur les coussins épais des wagons de première classe; qu'ils veuillent néanmoins faire le contre-essai pendant un rude travail du frein, en restant debout dans un wagon à marchandises. Les personnes douées de nerfs irritables, en restant debout un certain temps dans les wagons, quelque bons qu'en soient les ressorts, seront souvent prises de vertige, de vomissements, de défaillances. On prétend avoir souvent remarqué chez des enfants de constitution délicate, que l'on avait laissés debout ou jouant sur le plancher des wagons pendant des heures, des phénomènes que l'on a dû regarder comme les résultats d'un ébranlement, quoique modéré, du cerveau.

Ainsi, des lits douillets et des ressorts de wagon doux seraient une nécessité première pour les transports des blessés. Quant à l'épaisseur et la bonne façon des matelas, le train français envoyé à l'Exposition de Vienne a présenté ce qu'il y a de meilleur; dans ce train, les matelas épais ne constituent pas un luxe, ils sont la conséquence obligée des lits complètement fixes.

Le train wurtembergeois, celui du Palatinat et les trains d'ambulance officiels de la Prusse, avaient les lits (du moins les supérieurs) suspendus *sur des sangles, des courroies, ou des anneaux en caoutchouc;* les rapports sont *également favorables* sur ces différentes méthodes de suspension des lits; la suspension sur des sangles est peut-être plus solide encore que celle attachée aux *anneaux de caoutchouc* [1]); les mouvements que peuvent

---

[1]) *Wasserfuhr* Nr. 27, page 7. — *Sigel* Nr. 26, page 20. — *Virchow* Nr. 48, pages 29 et 30. — *Peltzer* (Nr. 32, page 23) pense, que la position sur des lits suspendus sur des anneaux en caoutchouc ou sur des courroies munies de ressorts courts (ressorts-buttoirs, en spirale, système du chemin de fer de Basse-Silésie, Nr. 48, page 5) est à la fin du compte plus agréable aux blessés, que sur ceux suspendus tout simplement à des sangles ou des courroies. La différence, après tout,

faire les lits fixés de cette manière, sont minimes, et ne ressemblent au système des hamacs (suspension longue) que par le caractère mécanique, mais, quant à l'effet à peine; les autres systèmes ont été très-bien désignés comme suspension fixe ou courte pour relever la différence qui existe entre eux et la suspension longue usitée avant, d'une part, et le système *Mundy* qui veut la fixité absolue des lits, de l'autre. Je suis d'opinion que lesdites méthodes de suspension courte peuvent offrir quelque protection contre l'ébranlement causé par la friction, et que l'on obtient ainsi le même résultat qu'avec les matelas très épais [1]) lorsque la fixité est absolue. Ainsi,

---

ne peut pas être si grande pour donner la préférence d'une manière absolue au premier système compliqué, en face du dernier, qui est beaucoup plus simple. On a souvent signalé comme un défaut du premier système, que les anneaux de caoutchouc se tendaient quelquefois d'une façon inégale, qu'ils devenaient très mous dans la chaleur et très-rudes sous l'action du froid. — C'est un fait très intéressant, que lors de la collision du train sanitaire saxon avec un train de marchandises (celui-ci fut lancé par derrière contre le train sanitaire arrêté) près Puteaux (Nr. 21) les lits suspendus dans les anneaux de caoutchouc et occupés par des blessés et malades, n'aient pas été jetés hors les anneaux par le choc et que de ces derniers pas un ne fut déchiré, tandis que plusieurs lits inoccupés tombèrent hors de leurs anneaux; qu'en général, le choc fit peu de dommage aux blessés; les seuls victimes étaient les occupants des wagons renversés et écrasés.

[1]) M. *Sigel* (Nr. 26, page 20) relève le fait que les matelas trop minces ou fortement fatigués devenaient très incommodes et pénibles aux blessés. — Les matelas à ressort des trains bavarois avaient de 8 à 9 pouces de hauteur. (*Peltzer* Nr. 32, page 25.) — *Wasserfuhr* (Nr. 27, page 6) dit que sur les trains qu'il dirigeait, les matelas ont laissé beaucoup à désirer, surtout après un certain temps de service.

je pense que le choix du meilleur système doit dépendre du mécanisme plus simple et plus solide en même temps, et du prix plus avantageux de l'un sur l'autre [1]). Pour les détails je renvoie le lecteur aux ouvrages indiqués et me bornerai ici à remarquer que dans les wagons de blessés français l'installation est faite de manière à pouvoir aussi ménager des sièges à la place des lits, circonstance qui doit nécessairement influer sur la mécanique de la construction.

Il faut que je dise encore quelques mots sur les *ressorts des wagons* essentiellement appelés à éteindre les chocs agissant de haut en bas et vice-versa, causé par les inégalités des rails à leur jointures. Tous les wagons reposent sur des ressorts à feuilles; ceux des wagons de voyageurs sont en règle générale, plus doux que ceux des wagons à marchandises; la douceur (élasticité) des ressorts dépend de l'épaisseur et du nombre des feuilles, ainsi que de leur longueur absolue et relative (peut-être aussi de la qualité de la matière et du traitement qu'elle a subi); dans ce sens il y a des combinaisons très-variées, mais des principes internationaux valables en général ne regissent pas, autant que j'ai pu constater, l'application

---

[1]) M. *Mundy* m'a fourni un autre motif, qui rend à son avis préférable la fixité *complète* des lits. Il a remarqué que les malades fiévreux, par conséquent inquiets et remuants (les blessés restent en général immobiles), se tournant sans cesse sur leur lits, sont étrangement inquiétés par la mobilité, quoique relativement restreinte, des lits, de manière à les rendre de plus en plus irrités, ce qui est un point qui mérite une sérieuse reflexion.

de ces combinaisons. Quelques mesurages que j'ai faits sur les ressorts des wagons exposés, m'ont donné les résultats suivants:

Dans les wagons à marchandises français, la première feuille du ressort placée en dessus mesurait 140 c/m; il y avait 12 feuilles se couvrant mutuellement; toutes ensemble avaient, au milieu, une hauteur de 15 c/m; donc, chaque feuille avait 1,25 c/m d'épaisseur. De la description du train exposé nous apprenons[1]), que ces ressorts diffèrent beaucoup de ceux en usage dans les wagons de marchandises ordinaires, et qu'ils sont calculés à porter le poids de 10 tonneaux.

Les ressorts des wagons (à marchandises) du train du Palatinat avaient 8 feuilles; celle de dessus était d'une longueur de 110 c/m; la hauteur de toutes les feuilles ensemble était de 11 c/m; l'épaisseur de chaque feuille était donc de 1,375 c/m.

Les ressorts des wagons (à voyageurs) bavarois comprenaient 9 feuilles; la longueur de celui de dessus était de 200 c/m; la hauteur de toutes les feuilles ensemble accusait 11,5 c/m; l'épaisseur de chaque feuille 1,27 c/m.

En principe, les ressorts sont combinés de manière que l'effet de leur élasticité commence avec le chargement d'un poids déterminé (poids du wagon et du con-

---

[1]) *Bonnefond* Nr. 52. Les ressorts seraient probablement trop faibles pour les wagons à marchandises ordinaires, il en faudrait donc appliquer des nouveaux sitôt que les wagons devraient servir au transport des blessés.

tenu compris); naturellement, ce volume de chargement est de beaucoup supérieur pour les wagons à marchandises que pour les wagons de voyageurs [1]).

En combinant, dans les wagons à marchandises français, les ressorts faits exprès plus doux avec les matelas épais, nous nous expliquerons facilement, pourquoi dans ces circonstances la fixation absolue des lits a donné dans toutes les épreuves des résultats satisfaisants; c'est que ces choses là sont si essentiellement liées en-

---

[1]) Le directeur de la fabrique de wagons à Simmering près Vienne, M. *Zipperling*, a eu l'amabilité de faire arranger pour moi une collection des différents systèmes de ressorts à wagons de tous les chemins de fer austro-hongrois. Les différences entre-eux sont énormes. Pour les wagons à marchandises où le port de chaque ressort est calculé sur un poid de 70 quintaux de douane (3500 Kilogr.), la longueur varie entre 1,095 et 890 m/m; la largeur entre 92 et 75 m/m; le nombre des feuilles entre 12 et 7; l'épaisseur des feuilles prises séparément varie de 10 à 13 m/m; l'hauteur de la flèche, de 135 à 88 m/m. — Quant aux wagons de voyageurs, où chaque ressort porte environ 50 quintaux de douane (2500 kilos) les différences sont presque plus grandes encore. La longueur des ressorts varie de 2000 m/m à 1083 m/m, la largeur de 92 à 75 m/m; le nombre de feuilles de 13 à 7; l'épaisseur de la feuille de 13 à 10 m/m; la hauteur de la flèche de 316 à 135 m/m. — L'association des chemins de fer allemands tend à introduire pour les wagons à marchandises, comme longueur de ressort 1000 m/m au minimum, et comme hauteur de la flèche 13 m/m au maximum; pour les ressorts des wagons à voyageurs la longueur de 1500 m/m au minimum, et la hauteur de flèche de 13 m/m au maximum. — La hauteur de flèche des ressorts, ainsi que la hauteur de l'ensemble de leurs feuilles se rattache en quelque sorte à la hauteur des roues, attendu que la hauteur, à laquelle les tampons doivent se heurter, ne peut pas varier au delà de certaines limites.

semble que l'on ne peut les juger comme il faut sinon en les combinant. — Comme les constructeurs de chemin de fer sont en partie opposés en principe à exclure de l'emploi les wagons à marchandises dans les train sanitaires, ils ont songé aux moyens de rendre les ressorts de ces wagons plus doux, et M. *Brockmann* de Stuttgart a notamment obtenu cet effet en ôtant une partie des feuilles qu'il a ensuite replacées de manière à les rendre inactives. On dit que cette neutralisation de certaines feuilles de ressort peut être effectuée sur des grands systèmes de ressort d'un wagon dans l'espace d'une heure seulement; elle a été appliquée aux wagons du train du Palatinat et a eu un brillant succès pendant la guerre de 1870—1871.

Dans une des séances du jury au pavillon sanitaire de l'Exposition universelle de Vienne, des hommes techniques de chemin de fer très-distingués ont jugé cette idée très-heureuse et facile à effectuer en pratique.

J'ai attribué de suite une très-grande importance à cette découverte; bien plus, je trouve que c'est l'oeuf de Christophe Colomb pour le coucher des blessés. Mais, voyant que d'autre part on y faisait des objections, je me suis adressé au directeur de la fabrique de wagons à Simmering près Vienne, M. *Zipperling* qui, avec une obligeance que je ne puis assez apprécier, fit faire cette opération devant mes yeux sans aucuns préparatifs, par un de ses ouvriers. J'étais tout étonné de voir combien ce procédé était simple et rapide et me suis convaincu que tout wagon construit suivant les principes modernes pouvait être changé de la dite manière par deux ouvriers en trois quarts d'heure, car la technique du procédé est excessivement simple. D'après ce qu'on m'a dit, il n'y a qu'une sorte de feuilles de ressort, peu en usage aujourd'hui, à laquelle ce procédé n'est pas applicable, parceque là les feuilles ne sont pas enchassées les unes dans les autres à l'aide de rainures et de rebords regnant sur toute la longueur, mais par une sorte d'agrafes fixées aux bouts des feuilles. Mais, comme ces systèmes ne se voient plus que très rarement, cette difficulté n'est pas à craindre.

L'état ferait mieux en tout cas d'enjoindre aux administrations des chemins de fer d'avoir à modifier les ressorts d'une partie de leurs wagons à marchandises de la manière indiquée pour servir au transport des blessés, que de recourir à l'autre principe suivant lequel les blessés sont transportés sur des lits reposant chacun sur des ressorts à feuilles. Avec un arrangement tel qu'il a été appliqué déjà aux lits *Fischer-Lipowsky*[1]), et celui installé sur les trains d'ambulance bavarois en 1870—1871[2]),

---

[1]) Les brancards-lits pour blessés couchés dans des wagons de chemin de fer, exposés au pavillon sanitaire de l'Exposition universelle de Vienne par MM. *Lipowsky* (de Heidelberg) et *Wahl* (de Stuttgart) paraissaient assez compliqués et ne seront pas, en toute prévision, répandus très-généralement, vu que leur acquisition en masse au commencement d'une guerre, serait trop coûteuse.

[2]) Il existait aussi un train sanitaire de Cologne, et plusieurs trains d'ambulance badois où l'on voyait appliqué ces systèmes de lits reposant sur des ressorts. — *Peltzer* Nr. 32, page 26. — Une communication particulière m'a appris, que la Suisse,

où chaque lit reposait sur des ressorts à feuilles, les malades son couchés avec aisance; ce fait est confirmé de toutes parts [1]), et on en reçut la preuve lors du voyage d'essai institué au mois d'Octobre 1873 par la Conférence internationale. Mais ce serait une tâche difficile de conserver et de garantir contre les avaries dans les entrepôts en temps de paix un matériel aussi vaste, et tout aussi difficile de s'en fournir promptement en temps de guerre. Je ne doute pas que l'on ne puisse imaginer des moyens techniques pour établir deux rangées de lits l'une au dessus de l'autre dans les wagons même avec ce système, mais il me semble clair à première vue qu'un système de cette nature soit plus coûteux et plus compliqué dans son maniement et sa conservation que ne le sont tous les autres.

En ce qui concerne maintenant les *chocs brusques et latéraux* produits par les inégalités aux jointures des rails on en reçoit une sensation bien désagréable quand

---

aussi a fait établir un certain nombre de ces systèmes de ressorts à feuilles.

[1]) Les témoignages médicaux abondent là dessus chez *Hirschberg* Nr. 37, page 50 et suivantes. — M. *Heller* (*Hirschberg* Nr. 37, page 56) appuie fortement sur ce défaut des wagons à blessés bavarois de n'avoir pu contenir plus de 5 blessés ; il propose, de suspendre à des sangles, au dessus des lits à ressorts, une seconde rangée de lits-brancards. A cela il n'y aurait rien à objecter là où l'Etat est en possession d'un grand nombre de ressorts à feuilles pour lits si on les appliquait à ce but, mais il faudrait alors proportionner la largeur des lits-brancard à celle des portes de bout, et les lits devraient être plus bas que ceux du wagon qui était exposé à Vienne.

on voyage en troisième classe, et on n'en est pas exempt
lors même que l'on est assis sur de bons coussins, car
les ressorts du wagon n'en garantissent pas. Lorsque le
blessé est couché de manière que le poids de son corps
fait un peu fléchir le matelas d'un lit fixe, alors les petits
chocs ne feront que le pousser un peu contre les côtés
plats du creux de son matelas. Le lit étant suspendu, il
heurtera le cas échéant la paroi du wagon et d'autant
plus fortement que la suspension sera plus franche;
il est donc nécessaire que cette paroi soit convenablement
bourrée, ce qui donne à ce système une complication,
nécessaire même alors que la suspension est très-courte.
— Dans le cas où le wagon éprouve de fortes oscillations
latérales par suite d'une forte usure des rails, aux endroits de certaines courbes, lorsque l'accouplement des
wagons est trop lâche, que la marche est très-rapide avec
un train très-allongé, alors il n'y a protection ni pour
le voyageur de première ni pour celui de troisième classe,
ni pour le blessé quelque parfaitement qu'il soit couché[1]).
Quand on observe bien du dehors un long train marchant
rapidement, on le voit faire des mouvements serpentins
ou onduleux assez forts, et plus prononcés encore sur les
derniers wagons. Il n'y a pas de voyageur qui ne sache
combien c'est insupportable, et ceux qui ont écrit sur

---

[1]) Ces oscillations latérales sont moins ressenties dans les wagons
lourds que dans les wagons plus légers. Or, les wagons de
voyageurs vides étant plus lourds que ceux à marchandises
non chargés, les premiers présenteraient donc un autre avantage pour le transport des blessés.

les trains d'ambulance s'en plaignent à l'unanimité et dans les termes les plus énergiques. — Seul, le conducteur de la locomotive peut agir dans une certaine mesure contre ces mouvements qui mettent les blessés au désespoir, ainsi que contre les arréts rudes par suite de l'application brusque et malhabile du frein[1]); il faut, dans ces circonstances, faire marcher lentement le train et en régler l'arrivée avec soin. Le chef médical du train sanitaire fera bien de donner des instructions convenables au conducteur de la locomotive et celui-ci sera tenu de s'y conformer strictement.

Voici ce que dit là-dessus M. *Virchow*[2]):

„Le second accident arriva sur le chemin de fer de Thuringe, dont la voie usée nous avait été signalée d'avance comme excessivement désagréable par des voyageurs de trains sanitaires qui avaient précédé le nôtre. Nous marchâmes avec la vitesse d'un train express. Au milieu de la nuit on vint m'annoncer que les blessés du wagon hanovrien ne pouvaient plus supporter leur situation. En effet l'ébranlement était si fort chez eux que leur membres blessés pouvaient à peine tenir dans les bandages. Je me vis obligé de faire marcher le train plus doucement ce qui retarda notre arrivée à Berlin d'au moins quatre heures, un seul wagon en était la cause. Avant d'atteindre la première station d'arrêt après avoir

---

[1]) M. *Beyerlein* (*Hirschberg* Nr. 37, page 53) nous montre combien cela peut devenir dangereux s'il arrive inopinément pendant le pansement des blessés.

[2]) Nr. 9, page 28.

reçu le rapport, je visitai tous les wagons de blessés pour constater l'état des autres blessés; personne ne fit entendre la moindre plainte, tous les wagons installés par notre Société se montraient parfaits, le seul wagon hanovrien accouplé à notre train à Wissembourg, donnait lieu à de justes reproches. Il me semblait que ses ressorts trop courts et la longueur inégale de ses divisions étaient la cause des chocs violents auxquels il était sujet.

Je ne suis pas à même de vérifier si des inconvénients pareils se manifestent dans tous les wagons sanitaires d'une date plus ancienne, installés par l'administration de la guerre. En tous cas, une plainte très generalement formulée contenue dans un rapport récent publié dans la Volkszeitung par le Dr. Max *Hirsch* contre les chocs que subissent les brancards se refère directement aux anciens wagons hanovriens. Par contre je puis constater que les nouveaux wagons du chemin de fer de Basse-Silésie à la Marche et les installations y introduites par notre société ont répondu à leur but à tous égards.

En résumant les résultats de nos observations critiques *sur le placement des blessés dans les wagons des trainssanitaires*, nous arrivons à peu près aux conclusions suivantes:

Les conditions qu'il faut nécessairement exiger pour les brancards de campagne ne se laissent pas combiner avec celles qu'on doit réclamer dans les lits de blessés transportés par les trains sanitaires de chemin de fer dont les voyages durent plusieurs jours.

Le lit du blessé doit s'enlever facilement de sa place au wagon pour admettre que le blessé soit couché dessus et transporté ainsi au wagon sans être transbordé. Pour ce faire sans difficulté, il faut que les portes de bout des wagons soient un peu plus larges, que les brancards-lits, et que les galeries des perrons se demontent avec aisance.

Au point de vue technique le système le plus simple et le plus solide en même temps c'est la fixité complète des brancards-lits, et le blessé n'en est pas plus mal s'il est couché sur un bon matelas épais dans un wagon à ressorts doux.

Les systèmes à suspension courte sont très bien applicables, et nécessitent des matelas moins épais, peut-être aussi des ressorts de wagon moins doux que là où les lits sont fixes; toutefois ce système est un peu plus compliqué, techniquement parlant, et demande probablement plus de réparations et d'ajustements sans offrir des avantages particulières pour les blessés.

Les oscillations latérales, les chocs, et les ébranlements des wagons causés par l'application rude et brusque du frein ne sont rendus insensibles aux blessés par aucun genre de mécanisme du lit; rien ne peut les prévenir si ce n'est la vitesse du train bien reglée et une grande attention de la part du conducteur de la locomotive.

Il nous reste à considérer encore quelques autres circonstances se rattachant aux wagons destinés au transport de blessés et de malades, et notamment: *Faut-il arranger tout les wagons de blessés de manière qu'une partie des blessés puisse rester assise à volonté pendant la journée?*

Dans une perfection telle que les médicins la réclament, les trains d'ambulance seraient des objets trop coûteux pour y transporter en prépondérance des blessés et malades qui peuvent, sans se faire du mal, voyager comme les personnes saines[1]); ces trains sont, quant au principal, destinés au transport de gravement malades et de grièvement blessés, et attendu qu'en pratique, la séparation de cette catégorie de blessés et malade rencontre maintes difficultés, il conviendrait peut être mieux de fixer les deux catégories suivantes comme seules transportables par les trains d'ambulance; savoir:

1. Les blessés qui ne sont transportables qu'en position couchée;
2. Les blessés qui, dans le cas d'un long trajet peuvent et prefèrent de rester le jour assis, mais qui la nuit ont besoin de repos au lit et dans une position horizontale.

Il est évident que les premiers seront nécessairement transportés par des trains d'ambulance et pas autre-

---

[1]) Je trouve que M. *Sigel* (Nr. 26, page 22) est le seul qui se prononce pour cet arrangement, suivant lequel on transporterait encore ces soldats par les trains sanitaires dans des wagons à sièges que l'on installerait pour la nuit avec un peu plus de commodités qu'ils ne le sont jusqu'à présent, mais il reconnaît en même témps pour très-génante la charge que l'on imposerait ainsi au personnel du train. Les motifs donnés à l'appui de cette installation ne m'ont pas convaincu.

ment; quant aux seconds, on ne les transportera dans des wagons ordinaires de 2me classe qui si l'on peut le soir les loger dans des quartiers préparés ou dans une ambulance située à proximité immédiate d'une gare de chemin de fer, où ils pourront passer la nuit en repos. Dès qu'il faut les transporter promptement sans arrêt on ne doit le faire que par un train sanitaire. — Les directeurs des trains d'ambulance prussiens ont opiné en général contre le transport par les trains sanitaires d'un grand nombre de malades qui, pendant le jour, veulent rester hors du lit. On n'avait pas des sièges à part pour eux; de là, ils embarrassaient les passages ou ils prenaient leur siège sur les brancards dont la construction n'étant pas faite pour recevoir une charge sur le côté, pliait ou fut brisée sous leur poids[1]).

Pour les wagons à blessés du train sanitaire français exposé à Vienne, les constructeurs se sont ingénié, au moyen d'installations que nous allons décrire, à accommoder les wagons

1. pour blessés et malades couchés;
2. pour blessés pouvant rester assis;
3. pour la troupe valide;
4. pour marchandises en temps de paix.

Les agencements mécaniques pour servir à ces buts différents, sont ainsi décrits par M. *Bonnefond*):

---

[1]) *Wasserfuhr* (Nr. 27, page 7).
[2]) *Bonnefond* Nr. 52.

„La caisse du wagon d'ambulance est munie sur chaque côté d'une porte à coulisse de nouvelle construction, d'une fermeture simple et complète, puis sur les deux bouts du wagon d'une porte à charnières ouvrant sur le perron. Les parois du wagon sont doubles, et une partie de la paroi intérieure consiste en sièges et dossiers à l'usage des blessés non alités et des troupes valides. Toutefois, ces sièges ne font pas saillie à l'intérieur du wagon et sont fixes à leur place de manière qu'ils ne peuvent être baissés qu'à l'aide d'une clef commune à tous dont les serrures restent toujours fermées en temps de paix. Cette installation sanitaire ne saurait être égarée, elle est toute prête au moment de s'en servir.

Le seul objet visible à l'intérieur du wagon sont quatre montants ou piliers en bois auxquels sont suspendus les lits et les banquettes, ces piliers sont boulonnés contre le toit.

Dans cet état, les portes de bout restant fermées à clef et au verrou, et les portes à coulisse étant seules employées, ces wagons servent au transport des marchandises. Ils affectent donc, à très-peu de différence près, laquelle consiste en trois lanterneaux surmontant le toit, la forme des wagons à marchandises ordinaires. Pour plus de garantie contre les vols, on peut couvrir les lanterneaux à l'interieur avec des feuilles de tôle vissé sur les cadres des carreaux vitrés.

Mais la suspension sur ressorts de ces wagons diffère essentiellement de celle des wagons à marchandises ordinaires.

Les wagons d'ambulance dont les ressorts sont suffi-
sámment doux pour ne pas faire souffrir les blessés des
chocs causés par les inégalités de la voie, ont un port
de 10 tonneaux. (10.000 Kilogr.)

Nous allons maintenant expliquer de quelle manière
ces wagons peuvent recevoir sans délai, en temps de
guerre, étant requisitionnés et concentrés à proximité des
depôts de l'administration de la guerre, tout leur acces-
soire nécessaire aux différentes destinations que leur donne
l'intendance militaire. Mais passons en revue d'abord
l'inventaire et désignons la place à chaque pièce.

Chaque wagon reçoit

1. 10 à 15 lits avec matelas, oreillers, draps et couvertures;
2. Un cabinet d'aisance;
3. Un poêle avec réservoir d'eau chaude;
4. Un bassin de lit;
5. Une caisse à charbon pouvant servir de banc.

Les 4 piliers en bois, boulonnés sur le toit du wagon, comme il a été dit plus haut, seront dégagés et
montés sur leurs places. Ensuite on introduit dans les
oeillets ménagés dans ces piliers le baguettes de fer, con-
servées jusque là sous le plancher du wagon dans une
petite caisse fermée d'une petite trappe à serrure.

Les baguettes placées en haut reçoivent chacune
jusqu'à trois lits fixes l'un au dessus de l'autre.

Le cabinet d'aisance est placé contre l'une des portes
latérales qui reste alors condamnée. Le poêle est posé
à côté du water-closet.

Le service et le passage à travers les wagons se fait par les portes de bout; toutefois, la porte latérale restée libre peut servir aussi longtemps que le wagon n'aura pas reçu des blessés.

Lorsqu'on voudra se servir des wagons ainsi installés pour le transport de troupes valides, on n'aura qu'à baisser, par un tour de clé, les sièges et dossiers cachés dans la paroi intérieure du wagon, à en insérer les joints dans les oeillets des piliers pour établir 4 rangées de bancs pour 40 personnes. Les sacs et les fusils seront placés sous les bancs ou au milieu du wagon.

Le même arrangement peut servir pour transporter les blessés non alités.

S'il s'agit de recevoir au wagon des blessés couchés, on fait rentrer les sièges dans les parois et on monte les lits en étages sur les baguettes de fer des piliers, à 2 ou à 3 suivant la hauteur du wagon et le nombre plus ou moins grand des blessés ou suivant la gravité de leurs blessures. De cette manière on pourra établir dans chaque wagon, soit 5 rangées de lits à 3 lits superposés, partant 15 au total, ou bien 5 rangées à 2 lits, total 10 lits.

Il va sans dire qu'une partie seulement du wagon sera montée avec des lits et que l'autre partie pourra être réservée pour les bancs du moment où certains blessés pourront faire le voyage assis [1]".

----

[1] Par l'entremise de M. *Mundy* j'ai obtenu encore les données suivantes concernant les dimensions de ces wagons; savoir:

Quelque ingénieuse que soit cette invention, la pratique de guerre pourra seule démontrer si ce mécanisme un peu compliqué se maintiendra à la longue. Quant à la mise à exécution de ce système, M. le directeur *Zipperling* m'a confirmé qu'il ne présente aucun difficulté technique, que les frais additionnels seraient insignifiants et l'exécution facile et rapide.

En Allemagne il existe une certaine antipathie contre tous arrangements applicables tantôt à ceci et tantôt à cela, et tout directeur de train sanitaire qui sait par expérience combien il est difficile en temps de guerre de faire les moindres réparations, ne sera pas excessivement porté pour les mécanismes qui laissent prévoir des dérangement intempestifs dûs aux changements fréquents du service. Ce préjugé, comme tant d'autres, sera probablement vaincu un jour par de nouvelles expériences; en attendant il est dans toute sa vigueur.

Il faut bien admettre qu'il y a nécessité de procurer des sièges aux blessés qui veulent rester hors du

Largeur des portes de bout........	0,920 m/m
Hauteur „ „ „ „	2,000 „
Longueur intérieure des wagons...............	6,120 „
Largeur „ „ „	2,570 „
Hauteur „ „ „	2,245 „
Longueur ⎫	2,000 „
Largeur ⎬ des grands lanterneaux	1,500 „
Hauteur ⎭	0,500 „
Longueur ⎫	0,975 „
Largeur ⎬ des petits lanterneaux............	1,080 „
Hauteur ⎭	0,400 „
Longueur des brancards-lits...............	1,975 „
Largeur „ „	0,730 „

lit pendant le jour[1]), et qu'il convient au point de vue de l'utilisation de l'espace que la place du lit puisse servir à son tour de place pour les sièges; mais si le blessé, en se levant le matin veut s'asseoir tout habillé, qu'après midi il veuille reprendre son lit pour une heure, après cela rester encore assis pendant quelques heures et se recoucher la nuit qui donc fera la besogne nécessitée par un changement si fréquent? Les infirmiers sont suffisamment occupés sans cela, ils seraient bientôt mal disposés et ennuyés de ce surcroit de travail, fût il exigé par 20 ou 30 blessés seulement par jour. — Ne serait-ce pas plus simple alors d'attacher au train un wagon de 2me classe, système de construction usité en Suisse (sans coupés, et passage par le milieu dans le sens de la longueur) et de placer là les blessés qui voudraient rester assis pendant la majeure partie du jour? Cet arrangement me paraît décidément préférable nonobstant que je regarde comme un inconvénient d'encombrer un train d'un wagon qui doit rester vide pendant la nuit, et que j'admette qu'un wagon de ce genre ne puisse remplir son but que sous une direction militaire, et qu'on ne saurait lui attribuer le caractère de nécessité absolue. Je ne dois pas passer sous silence ce qui resulte des rapports sur les trains sanitaires bavarois et wurtembergeois auxquels étaient attachés plusieurs wagons de 2me classe occupés par des légèrement blessés qui étaient forcés de rester

---

[1] *Wasserfuhr* (Nr. 27, page 7) caractérise de *manque sensible* l'absence de sièges dans les wagons.

assis même la nuit, que de nombreux inconvénients se sont produits par là.

Des convalescents, souvent très-faibles encore, pénétraient dans ces wagons en si grand nombre que lorsqu'ils tombaient en défaillance après quelques heures de voyage, on ne savait pas que faire d'eux. Le pansement aussi est à peine possible dans ces wagons, et la distribution de la nourriture très-difficile, etc. — En général je maintiens mon opinion que chaque train sanitaire doit contenir un lit pour chaque blessé et malade, et que l'addition d'un wagon de voyageurs vide doit être, regardé plutôt comme un agrément, très-désirable à la vérité, pour les blessés et les convalescents capables et désireux de rester hors du lit pendant le jour.

Il me reste à dire un mot de quelques autres installations à affecter aux wagons des blessés. Faut-il que chaque wagon ait *son cabinet d'aisance à part?* A première vue cela ne paraît pas être indispensable quelque commode que cela soit pour les infirmiers; mais toutes circonstances considérées, on doit conclure que cela est éminemment désirable.

En partant du fait qu'à peu d'exceptions près, les trains sanitaires transportent des blessés et malades qui ne peuvent ou ne doivent pas se lever, les cabinets d'aisance comme commodités à l'usage direct des blessés viennent à peine en considération, les bassins de lit et les urinals seront d'un usage prédominant, peut-être même exclusif. Donc, la question essentielle est celle-ci: que feront les infirmiers des déjections et des urines des malades? L'usage adopté pendant les dernières guerres était de jeter ces excréments sur la voie. Quoique on n'ait pas entendu des plaintes à ce sujet, il est néanmoins clair que ce procédé doit produire des saletés dégoutantes, surtout par un temps de pluie et de vent, sur les perrons, les marche-pieds et les parois extérieures des wagons; l'inconvénient sera encore plus pénible si le train s'arrête quelque part pendant plusieures heures voire même pendant plusieurs jours [1]). Il serait donc utile peut-être de placer sur le perron un récipient un peu large, dans lequel on jeterait provisoirement les excréments, pour être vidé aux stations d'arrêt. — Une autre modalité serait celle de verser d'abord les déjections dans les cabinets d'aisance établis dans certains wagons du train, pour en faire le vidange ensuite aux stations d'arrêt, mais cette méthode aurait l'inconvénient d'avoir à traverser quelquefois plusieurs wagons avec les déjections jusqu'au cabinet d'aisance le plus proche; opération rébutante, à laquelle on serait forcé de contraindre les infirmiers par des mesures très-rigoureuses, et qui n'est pas moins dégoutante pour les occupants des wagons. — Peut-être suffirait-il de ménager dans chaque wagon un évier se dégorgeant sur la voie, ce qui donnerait l'avantage qu'en hiver la température du wagon ne tomberait pas trop bas en ouvrant trop fréquemment les portes. Un évier ou tuyau de dégorgement est d'ailleurs à peine dispensable, vu que les infirmiers sont en tous cas forcés

---

[1]) *Sigel* Nr. 26, page 25.

de jeter l'eau employée au rinçage des urinals, bassins de lit, cuvettes à pansement etc. et encore les morceaux de linge sales et autres rebuts de pansement qui ne sont pas mis au blanchissage. Un évier de cette sorte prendrait cependant à peine moins de place qu'un cabinet d'aisance, et le même inconvénient serait reproduit que le train s'arrêtant dans une gare, celle-ci serait empestée d'ordures jetées sur les rails, ce qui serait insupportable. Nous sommes, par conséquent, poussés de toutes manières *à exiger un cabinet d'aisance à part pour chaque wagon à blessés;* ce cabinet pourra être placé très convenablement près du poêle, comme dans les wagons français, et isolé de l'intérieur du wagon par une porte à fermer tandis que sa ventilation se ferait vers le dehors. L'infirmier du wagon s'en servirait aussi pour lui ôter tout prétexte ou motif de quitter le wagon.

Il faut qu'il se trouve dans le train au moins un cabinet d'aisance à l'usage des médecins, un autre pour les malades debout, un pour les infirmiers et un pour le personnel de cuisine.

Nous croyons volontiers que des situations excessivement désagréables se soient produites dans les trains wurtembergeois, où tout le personnel (y compris les garde-malades du sexe féminin) n'avait à sa disposition qu'un seul cabinet d'aisance [1]).

De plus, il faut songer à ce que l'infirmier ait une chaise ou un banc pour s'asseoir aussi pendant le jour;

---

[1]) *Sigel* Nr. 26, page 25. — *Simon* Nr. 28, page 30.

ensuite il faut avoir sous la main un ou deux marche-
pieds sur lesquels puissent monter les médecins et les
infirmiers pour panser avec commodité les blessés couchés
sur les lits de étages supérieurs. Finalement, il faut
tenir en réserve au wagon tous les ustensiles dont les
médecins et les infirmiers ont besoin pour le pansement,
et ces derniers pour le nettoyage du wagon; il est
sousentendu que la place de tous ces objets sera choisie
et fixée d'avance.

Je laisserai en suspens la question à savoir si les
paillassons sur le plancher et les portières par dessus les
portes des wagons de la plupart des trains sanitaires
sont réellement nécessaires. On a remarqué quelquefois
que ces paillassons gênent assez fréquemment l'ouverture
et la fermeture des portes, et que les rideaux, bientôt
déchirés, étaient nonseulement très-laids à voir, mais qu'ils
ne protégeaient d'aucune façon l'intérieur du wagon, comme
on l'avait espéré, contre les courants d'air passant par les
portes [1]).

---

[1]) *Peltzer* (Nr. 23, page 24) fait la description suivante de cette
disposition intérieure des wagons prussiens:

„En examinant le reste de l'installation d'un wagon à
blessés prussien, on voyait dans quelquesuns des portières devant les portes à deux battants; à l'intérieur était placé devant la porte un paillasson, le passage du milieu était couvert
d'une bande de toile cirée. Au-dessus des lits supérieurs on
avait appliqué un filet pour y mettre de petits objets nécessaires au blessé; ce qui manquait encore, c'était une sangle
fixée au plafond au moyen delaquelle le blessé se mettrait sur
son séant. Les pièces d'habillement des blessés étaient ac-
crochées aux portemanteaux distribués à l'intérieur du wagon

Avant de passer à l'examen des autres wagons, nécessaires pour compléter un train d'ambulance, il con-

(voir wagons à habillements); on avait, en outre, fixé contre les parois et dans les coins de petites tablettes pour y mettre des coussins etc. Il y avait aussi une table avec une chaise pliante et au dessous un réservoir d'eau fraîche. Sur la table étaient placés des verres à boire etc. dans des paniers ad hoc. Il ne manquait pas non plus des cuvettes de toilette, des seaux, des gobelets gradués pour les médicaments, tout cela placé d'une façon convenable."

„D'après *Wasserfuhr* (Nr. 27, page 8) ces arrangements ne suffisaient pas aux besoins; les détails qu'il en donne sont si importants pour le service que je crois devoir les reproduire ici. Il dit:

„L'espace resté libre au plancher du wagon auprès du poêle était parfaitement utilisé d'un côté pour le placement d'une caisse à charbon en fer, et de l'autre pour celui d'une petite table solide et fixe munie d'une chaise pliante faisant corps avec elle. La seule chose à blâmer c'étaient les trois cases profondes qui en faisaient partie. Je n'ai jamais vu que l'on y eût placé des verres bien que ces cases semblaient avoir cette destination, seulement les verres ne cadraient pas avec les cases; au lieu de cela on y trouvait régulièrement des croûtes de pain, de la charpie malpropre, du beurre enveloppé dans un morceau de papier, des résidus de tabac et autres saletés, fourrés malgré toutes les défenses par les infirmiers et les malades dans ces coins obscurs qui échappaient souvent au coup d'oeil du médecin. — Sous la table était placé sur un support un tonneau en bois contenant de l'eau et muni d'un robinet. Entre le tonneau et le poêle on avait encore de la place pour mettre un seau à rincer en fer-blanc. Le reste du mobilier de chaque wagon était composé d'un tabouret, et chaque train avait en outre deux chaises ou plutôt tabourets percés, portables et légers.

A l'exception de la table, il n'y avait dans le wagon qu'une planche d'environ 3 pieds de longueur sur 1 pied de largeur, fixée auprès de l'une des deux portes, qui offrît la commodité de pouvoir mettre des ustensiles dessus. C'est trop

vient d'être fixé sur *le nombre des blessés à transporter et le nombre des voitures d'un train*, puisque c'est de là que

---

peu pour un espace occupé par 10 soldats blessés ou malades.
Il est vrai qu'en toutes circonstances on ne trouvera pour les
havresacs que la place sur le plancher sous les lits inférieurs;
les fusils et les sabres seront bien placés dans les quatres
coins du wagon; les 5 malades couchés dans les lits supérieurs
pourront mettre leur petits effets, tels que pipe, mouchoir,
couteau de poche, livres etc. dans les filets fixés au-dessus
d'eux contre le plafond, tandis que les 5 malades couchés en
bas sont obligés de laisser les objets de ce genre soit dans
les poches de leurs habits, soit sous leur oreiller. Mais où
donc mettra-t-on les assiettes, tasses, verres, cuvettes à laver?
plus, les irrigateurs, cuvettes à pansement, flacons de médicaments et les paniers en ferblanc qui ont servi à serrer bandages, charpie et toile? où placer les comestibles et boissons?
quelle place est réservée aux effets des aides et des infirmiers?
Il faut profiter davantage de l'espace qui reste sur les parois
et le plafond. D'abord on peut ménager sans difficulté un
rayon de mêmes dimensions auprès de l'autre porte, et par
égard pour l'ordre nécessaire, je réserverais l'un aux petits
effets de l'aide ou infirmier qui a la surveillance du wagon,
et l'autre aux objets de pansement: charpie, bandages, com-
presses, toile huillée, irrigateurs, cuvettes de pansement, et
flacons de médicaments. Lorsqu'on en fait usage, les derniers
objets trouvent mieux leur place sur la table; on les y étale
pour les voir, les choisir et s'en servir avec commodité. En
tout autre temps, la table doit rester libre pour y mettre les
comestibles et les boissons, la vaiselle et les verres à boire.
Les lanternes qui ont là leur meilleure place, ne permettent
pas de placer encore un rayon auprès de chaque porte. Mais
d'autre part on pourrait mettre contre la parois à côté du
poêle une planche avec des entailles et des crochets pour fixer
des cuillers, tasses et verres a boire. — J'ai vu dans un train
sanitaire installé plus tard la seconde planche transversale,
que je recommande, auprès de la porte, et aussi le petit agence-
ment mentionné près le poêle, mais celui-ci n'était pas assez
complet. On devrait prendre pour modèle les aménagements de

dépend le chiffre du personnel médical et économique ainsi que l'importance du matériel[1]). Le nombre de wagons d'ambulance en usage jusqu'à présent pour composer un train était 20, et comme il en faut encore 5 au moins, le train complet comprendrait donc, sans compter la locomotive et le tender, 25 wagons au minimum, ou, suivant la terminologie des chemins de fer, 50 essieux (en comptant deux essieux par wagon); il paraît que des motifs techniques ne permettent pas de dépasser cette longueur de train, bien que souvent ont aît vu des trains

ce genre que l'on voit dans nos navires de guerre où l'on sait admirablement utiliser l'espace dans tous les sens. Des filets fabriqués en fil bien fort, comme ceux au-dessus des lits supérieurs, pourraient être montés encore sur le milieu du plafond; ils pourraient répondre aux besoins des blessés couchés dans les lits inférieurs.

Le reste de l'inventaire de chaque wagon: deux peignes, un miroir, deux cuvettes de toilette, deux urinals, deux vases de nuit, deux bassins de lit, balai etc. suffisait parfaitement au besoin et à l'espace disponible. Mais il faut que l'aide soit rendu responsable de ces objets comme de tous les autres qui lui seront remis d'office, tels que linge, couvertures, pantoufles etc. Après mon premier voyage déjà la plupart des peignes et une partie des petits miroirs à la main avaient disparu sans trace."

Quant à l'inventaire des wagons à blessés voir aussi *Simon* (Nr. 28).

[1]) *Peltzer* (Nr. 32, page 17—21) donne une revue de toutes les combinaisons de wagons de trains sanitaires ayant servi dans la guerre de 1870. — Il y a aussi, à la fin de l'ouvrage cité sous le Nr. 48 une critique comparative des systèmes les plus importants de trains de campagne qui mérite une attention spéciale.

de 60 essieux et que **M.** *Schmidt*[1]) en admette 70, comme limite extrême. Comme chaque wagon à blessés contient 8 à 10 lits, on compte ordinairement sur 160 à 200 blessés ou malades transportables dans un train sanitaire. Ce calcul est illusoire par le fait qu'alors un lit manquerait dans chaque wagon pour y placer un infirmier ou un aide; dès lors 20 wagons à blessés ne pourront transporter que 140 à 180 blessés[2]), et si on voulait en élever le nombre à 200, il faudrait prendre 22 wagons à blessés. On pourrait bien accorder cela par exception, mais sans jamais dépasser ce nombre.

Un train de ce genre, composé de 20 à 22 wagons à blessés nécessitera

4 médecins;

20 à 22 infirmiers, dont une partie serait eventuellement composée d'aide-chirurgiens;

4 personnes pour le service de cuisine;

1 surveillant du matériel;

4 personnes pour le service de la locomotive fonctionnant à tour de rôle.

Ce personnel aura besoin d'au moins 5 wagons, notamment:

1 wagon des médecins;

---

[1]) Nr. 50, page 15. — MM. *Erhardt* et *Herold* ont relevé les difficultés attachées aux trains qui seraient composés de plus de 25 wagons. *Hirschberg* Nr· 37, page 50.

[2]) Nr. 50, page 15. — MM. *Erhardt* et *Herold* ont signalé particulièrement les difficultés attachées aux trains composés de plus de 25 wagons. *Hirschberg* Nr. 37, page 50.

1 wagon-cuisine, dans lequel on pourra serrer aussi une partie des provisions;

1 wagon-magasin pour recevoir le matériel de pansement, la pharmacie et une partie des provisions de bouche, puis une cabine pour le surveillant du matériel;

1 wagon-refectoire, dont un tiers séparé servira de dortoir à 4 personnes du service de la cuisine, et les deux autres tiers seront réservés comme salle à manger;

1 wagon-garderobe pour serrer les uniformes et les armes des blessés, avec un espace séparé pour le combustible et les appareils de nettoyage. Ce wagon doit contenir aussi les lits des deux hommes de service de la locomotive qui ne seront pas de service.

Nous allons maintenant examiner en détail les installations de tous ces wagons.

Le wagon des médecins.

Les fatigues du service médical sur les trains sanitaires sont extraordinairement pénibles [1]), mais les plaintes sont supprimées pour la plupart, parceque les médecins ne veulent pas encourir le reproche d'être moins disposés à faire des sacrifices ou moins aptes que les soldats à subir les plus grandes fatigues.

Le service dans un train sanitaire, ainsi que la direction et l'administration d'un train de ce genre est d'une nature si particulière, qu'il devient très-désirable que son personnel, une fois rompu à ce service, ne soit pas changé [2]). Mais si l'on veut que les médecins puissent rester à la tête de ce service fatigant pendant des mois sans être épuisés et decouragés, il faut leur rendre

---

[1]) *Virchow* Nr. 18, page 32. — *Wasserfuhr* Nr. 27, page 44. — *Hirschberg* Nr. 37, page 43. „A la suite d'efforts excessifs et de l'épuisement qui en résultait, beaucoup tombaient gravement malades après leur retour." page 44. — *Heller* (*Hirschberg* Nr. 37, page 57).

[2]) *Hirschberg* Nr. 37, page 67.

les conditions extérieures de l'existence sur ce train aussi supportables et commodes que possible [1]).

Il ne faut pas oublier qu'il n'existait pendant la guerre d'Amérique que des wagons d'ambulance isolés qui furent attachés aux trains de passage; les ambulances roulantes complètes, telles que nous les entendons ici, ne furent créées que pendant la guerre de 1870—1871. Ainsi, toutes les installations dont il sera question ici, sont des créations entièrement nouvelles, des improvisations, des essais pour la plupart, qui n'exigent que trop d'être perfectionnés. — Il est vrai que les médecins avaient presque toujours un wagon à part à leur disposition, mais les lits, le chauffage, la nourriture étaient excessivement défectueux et les arrangements primitifs, et comme le même espace devait servir aux repas pris en commun, les médecins se trouvaient mutuellement enchaînés dans tout ce qu'ils faisaient; la tranquillité du repos de nuit était une illusion; on ne pouvait appeler le médecin de service sans que tous les autres ne fussent reveillés en même temps. Quelquesuns d'entre-eux sentant le besoin de causer jusqu'à une heure avancée de la nuit, les autres étaient empêchés de dormir. Cela peut aller ainsi pendant une nuit ou deux, je veux même admettre que cela soit gai et piquant de faire ainsi un peu la guerre dans un train sanitaire comme jeune docteur-

---

[1]) Une remarque énoncée par M. *Beyerlein* (*Hirschberg* Nr. 37, page 53) nous apprend que sur les trains bavarois les médecins manquaient même d'ustensiles de toilette.

médecin volontaire; mais lorsqu'il s'agit pour des médicins militaires de faire des voyages d'aller et retour
pendant des semaines et des mois et toujours de la dité
manière, alors ce genre de vie doit devenir insupportable.
On n'a pas besoin d'être misantrope pour désirer une
heure de repos et de solitude après les fatigues de la
journée, il est juste que le médecin jouisse la nuit de
quelques heures de repos et que le jour aussi il puisse
trouver moyen de se retirer à volonté. Mais un wagon
de médecins commun ne fournit pas cette possibilité. —
C'était une très-heureuse idée qu'a eue M. *Mundy* d'avoir
installé dans le train français un wagon des médecins
de manière à y ménager 4 cabines à l'instar de celles
que l'on voit sur les vastes navires, et avoir encore l'espace suffisant pour poser un poêle pour le chauffage
commun de ces cabines, plus un cabinet d'aisance commun à l'usage des médecins. Voici la description de ce
wagon (planche I, fig. 4 et 5) d'après *Bonnefond*[1]):

„Le plan d'installation intérieure du wagon des
médecins représente la forme d'une croix. Les deux
branches de la croix dans le sens de la longueur figurent
le passage d'un bout à l'autre du wagon; les branches
transversales contiennent deux localités dont l'une ren-
ferme le water-closet et l'autre un appareil de chauffage. Les quatre rectangles placés entre les branches
de la croix contiennent chacun une chambre pour un
médecin. Le couloir est éclairé, le jour par une cou-

---

[1]) *Bonnefond* Nr. 52.

pole vitrée, dont les carreaux mobiles admettent une ventilation à volonté; la nuit par des lanternes de wagon ordinaires emboîtées dans le plafond.

L'appareil de chauffage est du système à eau coulante; il est calculé à chauffer doucement pour empêcher la congélation de l'eau, contenue dans deux réservoirs d'eau masqués au plafond et servant à fournir les toilettes dans les chambres ainsi que le water-closet.

Le même appareil maintient un degré de chaleur uniforme et constant dans les chauffoirs placés sous le tapis et devant le sofa dans chaque cabine, au moyen de tuyaux à eau chaude circulant sous le plancher.

Les chambrettes des médecins sont tapissées de maroquin noir, garnies de meubles en noyer verni, le plancher d'un tapis moquotto.

Les meubles se composent d'une armoire à rayons horizontaux pour lc lingo ot les habits, à laquelle est adossée une table de toilette avec tous ses accessoires et un robinet d'entrée et de sortie de l'eau. Au-dessus de la toilette est suspendue une pharmacie portative qui sert en même temps comme bibliothèque.

L'autre bout de la chambrette faisant face à la toilette contient:

Un sofa à deux places, dont la moitié tourne sur son axe par un simple mouvement de bascule pour former un lit commode.

Derrière le sofa et au dessus de sa partie fixe est ménagée l'ouverture d'un porte-manteau.

Une table pliante, portant un encrier fixe d'un modèle particulier, est cachée dans la boiserie pour être montée à volonté devant la partie fixe du sofa. L'éclairage des chambrettes se fait au moyen d'une lampe-modérateur suspendue dans chacune soit auprès de la toilette, soit à côté de la table.

Chaque chambre contient en outre une pendule-reveil avec un baromètre et un thermomètre montés dessus, puis encore d'autres petits objets.

La partie extérieure de la porte des chambres fait voir sur une plaque le nom du médecin qui habite la chambre, et la nuit on place une petite lanterne portative devant la porte du médecin de service."

Le wagon que je viens de signaler aurait sans aucun doute reçu l'approbation de tous les experts si ses aménagements avaient été faits en matières plus simples et moins élégantes. Cette élégance d'équipement, que l'on avait adoptée par la considération que le wagon devait servir comme objet d'exposition et prouver en même temps la possibilité d'installer un wagon de chemin de fer avec autant de confort qu'en offre un bateau à vapeur, a conféré beaucoup à ce qu'on jugeât ce wagon luxueux outre mesure[1]), un objet d'exposition provenant du pays d'Utopie. C'est un fait très-important que déjà un des plus éminents

---

[1]) Si l'installation de ce wagon, qui avait coûté 4000 florins valeur autr. (10.000 francs) fut déclarée luxueuse, quelle qualification faut-il donner à celle d'un wagon de cour du chemin de fer autrichien Imperatrice Elisabeth qui a coûté 50.000 florins v. a. (125.000 francs)?

médecins militaires allemands[1] aît reconnu, qu'en essence, le plan de ce wagon répondait parfaitement à son but, et qu'il fallait tendre à la construction de pareils pour les trains sanitaires tout en employant des moyens plus simples. — Je m'étais rangé moi-même assez longtemps du côté de ceux à qui ce wagon semblait impliquer une exigence trop forte de la part des médecins, mais à mesure que j'approfondis davantage les expériences faites sur les trains sanitaires et que je pénétrais plus avant dans la situation des médecins actifs dans ce service, je me suis convaincu que cette invention de M. *Mundy* était justement une des mieux combinées, des plus réfléchies et des plus excellentes. Sur la nécessité d'avoir un wagon à part pour les médecins il n'y a pas de différence d'opinions; la question s'il doit être construit d'après le modèle *Mundy* ou dans la forme très primitive antérieurement en usage, ce n'est qu'une question de frais qui ne pèse pas trop dans la balance. La seule objection que l'on puisse faire c'est que l'espace commun pour prendre les principaux repas ferait défaut dans le wagon des médecins, et que les repas isolés seraient ennuyeux pour eux, et onéreux pour le personnel de cuisine.

Dans les conditions projetées par M. *Mundy* il y a donc besoin d'un refectoire sur le train sanitaire; c'est très désirable encore pour d'autres passagers de ce train et on ne pourra guèrre s'en dispenser à l'avenir. Nous y reviendrons plus tard. Je repète seulement, que c'est

---

[1] *Roth* Nr. 53, page 657.

justement le wagon des médecins du train français amené à l'exposition universelle de Vienne et celui qui a soulevé les plus nombreuses critiques de la part des experts et des profanes, qui mérite le plus d'être adopté dans toutes ses parties essentielles.

Le wagon-cuisine.

Les rapports sur le fonctionnement des cuisines des trains sanitaires sont tous décidément défavorables.

M. *Virchow* dit:

„Moins satisfaisant se montrait le résultat par rapport à la cuisine, quoique ce fut elle qui excitait la plus grande admiration des spectateurs. Nonseulement que l'entretien d'un feu égal pendant la marche rapide du train fut très difficile de manière qu'il était à peine possible de faire bouillir l'eau sans interruption, mais il arriva plusieurs fois, notamment sur le chemin de fer des Vosges, que par suite des fortes oscillations le contenu liquide des pots fut jeté dehors de côté, nonobstant les couvercles qui les fermaient. Il arriva même un jour que le wagon ayant reçu une forte secousse, tous les pots et chaudrons furent jetés à bas de la plaque, et leur contenu répandu sur le plancher. Ainsi nous aurions eu de sérieux embarras sans l'assistance énergique qui nous arrivait de toutes parts.“

Ceci veut dire à peu près, que la cuisine ne répondait pas du tout au but auquel on l'avait destinée.

M. *Peltzer* fait la description de l'installation culinaire d'un train sanitaire prussien comme prototype de tous les autres, dans ces termes:

„Je passe maintenant aux installations culinaires et autres, mais en ayant principalement égard aux trains sanitaires prussiens; des différences essentielles telles que présentaient les installations précédentes ne se manifestant pas dans ce département, il suffira de décrire un seul principe de ce genre. Le wagon-cuisine prussien était rangé, comme il a été dit déjà, au milieu du train sanitaire, toute son installation intérieure était basée sur l'intention de distribuer la nourriture simultanément à tous les passagers du train, de manière à pourvoir d'un seul coup les wagons des malades à droite et à gauche du wagon-cuisine. A cet effet il existait dans la cuisine 10 cabarets en bois pour les mets et de grandes gamelles servant de mesure aux mets liquides. Les mets préparés sur un fourneau de 32 pouces de largeur sur 5 pieds de longueur provenant de la fabrique de *Kaiser* à Berlin furent distribués sur la grande table-buffet dans les gamelles en fer blanc; ces dernières étaient de grandeur différente, les plus grandes pour recevoir le potage (10 gamelles = environ 12 assiettées = 1 wagon), les plus petites pour le café etc. (10 gamelles = 12 tasses = 1 wagon); de là on mettait les gamelles sur les cabarets qui furent portés en nombre égal et simultanément des deux côtés pour être distribués dans les wagons. Il y avait moyen de faire la cuisine à part pour le personnel médical; le fourneau contenait un four de rôtisseur à feu indépendant; les ustensiles étaient maintenus à leur place sur la plaque au moyen d'une barre articulée et mobile, nonobstant quoi on se plaignait souvent de ce que les chaudrons laissaient échapper leur liquide pendant la marche du train. Cet inconvénient serait peut-être évité si l'on introduisait des pots de Papin. Le fourneau avait en outre deux récipients d'eau chaude. La table-buffet était placé au milieu de l'un des côtés longs du wagon faisant face au fourneau de cuisine. Des deux côtés de cette table se trouvaient les établis bien solides sur lesquels on plaçait la batterie de cuisine. Il y avait, en outre, un évier muni d'un tuyau par lequel l'eau sale s'échappait au dehors; puis une table de cuisine, deux chaises, un banc pour mettre les seaux d'eau dessus, et un réservoir en fer plus vaste, et sur le perron du wagon au dehors était placé une caisse à glace en bois doublée de zinc.

M. *Wasserfuhr* fournit ces détails sur le fonctionnement de ces wagons-cuisine:

„Dans le wagon-cuisine le fourneau était impropre à son but et insuffisant, il était chauffé par le bas, contenait un chaudron et quelques poêles à frire. Le chaudron était beaucoup trop petit pour y préparer à la fois un repas — soit déjeûner, dîner ou souper — pour 200 blessés et le personnel de service. Il en suivit que la cuisson continuait jour et nuit lorsque le train était chargé au complet et que les hommes ne recevaient leur nourriture que par escouades les uns après les autres. De plus, comme le couvercle ne couvrait que lâchement le chaudron, qu'il ne fermait pas, celui-ci ne pouvait être rempli qu'à moitié sous peine de voir son contenu nonseulement déborder, mais être lancé au loin par suite des secousses violentes que le wagon recevait principalement sur les voies usées de la France et du Palatinat et des chocs soudains causés par les départs brusques des locomotives. Les moyens employés par nous pour prévenir ce grand inconvénient, en chargeant par exemple le couvercle de pierres et poids, ou en introduisant des pièces de linge pliées entre le chaudron et son couvercle, n'avaient pas un effet suffisant. — Comme les poêles à frire ne pouvaient fournir de la viande rôtie que pour peu de personnes à la fois, j'en ai fait rarement usage et seulement pour le personnel de service pendant que le train marchait vide et que nous avions de la viande fraîche. En général, il ne s'agit pas, à mon avis, de faire cuire ou rôtir de la viande fraîche dans un train sanitaire; il suffit d'avoir des moyens de préparer pour 230 personnes, sinon pour tous à la fois, au moins dans un court espace de temps, soit du café, du potage de farine, de riz, de lait ou de semoule, soit du bouillon d'extrait de viande, soit des conserves de viande et des légumes. Pour cela on n'a besoin que de plusieurs chaudrons de différentes grandeurs avec un bon fourneau et une bonne fermeture de couvercle. Je laisse aux plus experts le soin de perfectionner dans ce sens les fourneaux de nos trains sanitaires—car, autant que je sais, ces derniers avaient tous les mêmes appareils culinaires. Les installations de ce genre, en usage sur les navires de guerre, méritent d'être prises en considération, ainsi que la distribution convenable et les moyens de sécurité employés à l'égard de la batterie de cuisine dont la qualité n'a pas d'ailleurs provoqué des objections particulières sur le 5me train sanitaire. — Quant à la glacière auprès de la porte d'entrée, nous ne l'avons pas mise en requisition, vu que nos voyages avaient lieu pendant un hiver rigoureux. A l'égard de la conservation de nos provisions nous avions à craindre le froid et jamais la chaleur."

Ceci concorde parfaitement avec le rapport de M. *Virchow*. M. *Sigel*[1]) déclare que les installations culinaires des trains wurtembergeois étaient, en général, exemplaires; cependant les défauts qu'il relève semblent tellement essentiels que le lecteur doit concevoir des doutes sur la possibilité que ces cuisines aient fonctionné en toutes circonstances pendant les voyages, pour 200 hommes; pour la préparation du café la cuisine semble avoir été le plus mal aménagée, et alors on ne saurait, certes, la qualifier d'exemplaire! M. *Simon* propose des améliorations dans cette partie (Nr. 28, page 31).

M. *Schmidt* exprime sa satisfaction quant au fonctionnement de deux wagons-cuisine du train du Palatinat (Nr. 50, page 22); il dit:

„Le wagon-cuisine principal I doit fournir la possibilité de préparer le dîner pour tous les passagers du train — 200 hommes ou à peu près —; dans ce but il

---

[1]) Nr. 26, pages 24 et 25.

doit contenir un grand fourneau. Sur la plupart des
trains les fourneaux étaient beaucoup trop petits, il était
impossible de préparer les repas pour tous à la fois, on
était donc obligé de faire la cuisine du matin au soir
pour donner à manger à tous les malades.

Le fourneau du train du Palatinat avait été construit specialement dans ce but par M. *C. Schlotterer* à
Spire; il avait une longueur de 1.85 m. sur une largeur
de 1.15 m. Son principal avantage était d'avoir des deux
côtés de la surface de grands bouilloirs (ou chaudières)
de 0.80 m. de longueur sur 0.40 m. de largeur et 0.50 m.
de profondeur avec une capacité de 160 litres chaque.
Ces deux vastes chaudières avaient chacune son feu à
part, on y faisait bouillir la viande, ce qui donna environ 200 litres de bon bouillon, quantité suffisante pour
fournir le dîner de tout le personnel voyageant, et encore
le souper de ceux entre les malades à qui le bouillon
était ordonnancé; pas un des autres trains ne sut fournir
autant à la fois. Pour empêcher le débordement du liquide, inconvénient si grave dans les autres trains, on
mit dans les chaudières en haut des cercles repliés en
rond d'une largeur d'environ 8 c/m. qui reposaient librement sur de petits crochets; quelque défavorable que fut
la marche du train, le liquide ne fut jamais répandu.
Ces cercles doivent être lâches pour que l'on puisse bien
nettoyer les chaudières. Sur d'autres trains on employait
à cet effet des pots fermés, ayant de petites bouches, mais
leur nettoyage était difficile, et plus difficile encore d'y
puiser le bouillon et le boeuf; on était obligé de couper

10 *

ce dernier en petits morceaux ce qui fit qu'il devînt trop consommé.

La surface du milieu du fourneau du Palatinat avait environ un mètre carré d'étendue ayant aussi son chauffage à part dont profitait encore le four à rôtisserie. Cet espace libre suffisait parfaitement à la confection des entrées et des mets extra pour le personnel supérieur. Deux des coins du wagon contenaient de vastes tonneaux d'eau de 300 litres de capacité chaque; aux deux autres côtés étaient adossés deux grands buffets à rayons pour porter plats et assiettes, tiroirs pour serrer les couverts etc.; au dessous de l'un des buffets il y avait des caisses à charbon et petit bois. Aux endroits restés libres sur les côtés on avait fixé des tables pliantes pour couper la viande [1]).

Le wagon-cuisine II contenait un petit fourneau de 1.5 m☐ de surface, destiné à faire bouillir l'eau pour le café, à préparer les repas intermédiaires, à chauffer l'eau à rincer etc. Le wagon contenait, en outre, un tonneau d'eau de 300 litres de capacité, un évier doublé de ferblanc, un grand buffet pour servir les mets avec des rayons pour la vaisselle en ferblanc, une armoire-garderobe pour le cuisinier, un garde-manger en lattes pour serrer les petites provisions, mises sous la garde du chef de cuisine, et au-dessous de son lit."

---

[1]) Vu la charge plus forte j'ai fait renforcer sous ce wagon les ressorts jusqu'à concurrence de six feuilles porteuses; plus, deux feuilles libres seulement, en dessous.

Chez M. *Hirschberg* (Nr. 37, page 34) on peut lire une description très-détaillée des installations culinaires des trains bavarois.

Il ne m'appartient pas d'indiquer de quelle manière seraient perfectionnables ces aménagements imparfaits et très-primitifs; mais en considérant qu'il est possible de faire la cuisine dans les navires à vapeur sur une mer agitée, et même sur des voitures roulant avec vitesse, ainsi que l'a démontré M. *Mundy* sur la voiture-cuisine construite par lui, à l'occasion de la Conférence internationale privée tenue à Vienne, il ne peut pas rester de doute sur la possibilité de faire la même chose dans un wagon de chemin de fer pendant qu'il roule. Ce serait un pauvre témoignage pour l'habileté des fabricants de fourneaux allemands s'ils n'étaient pas capables de réfuter l'opinion susénoncée de M. *Wasserfuhr* suivant laquelle on devrait renoncer à cuire ou à rôtir de la viande fraîche dans un wagon-cuisine.

Trois wagons-cuisine figuraient à l'exposition universelle de Vienne, dont un (celui du train du Palatinat) n'avait pas son installation complète, les objets y appartenant n'ayant pas été terminés à temps, puis on n'y avait pas mis (mais à tort) un très grand poids. Le wagon-cuisine du train bavarois était installé d'une manière à charmer l'oeil et monté dans le bon genre bourgeois, mais la fixation des nombreux ustensiles était défectueuse et on a dû concevoir des doutes sur la sûreté du fonctionnement de l'ensemble des divers arrangements. — Le wagon-cuisine français avait l'air de pouvoir servir de modèle; là tous les inconvénients, que l'expérience avait signalés, étaient pris en considération et écartés; on voyait que le constructeur de la cuisine avait approfondi avec amour tous les détails de l'installation. Si les différents mécanismes compliqués appliqués dans les cabines du wagon des médecins étaient regardés avec quelque méfiance par rapport à la solidité de leur fonctionnement, dans le wagon-cuisine tout paraissait solide et sans reproche. M. *Bonnefond*[1]) écrit ceci sur le wagon-cuisine:

„Ce n'était pas une tâche facile de concentrer dans un espace restreint tel que l'offre un wagon, tous les aménagements, ustensiles et accessoires nécessaires pour 300 blessés couchés, ou 400 à 500 blessés ou malades assis, plus le personnel d'ambulance. Il a fallu mettre en ligne de compte toutes sortes d'articles de nourriture, et ne pas croire, comme faisaient quelquesuns, que parceque le train était destiné à transporter des blessés et malades, il suffirait d'avoir pour tout appareil de cuisine une tisannerie complète. Il nous paraît utile de réfuter une semblable opinion. La mode de distribuer des tisanes est passée et devancée; les tisanes de l'école moderne sont les viandes fraîches, les légumes et le vin.

Les ustensiles de cuisine sont arrangés comme suit:

Un grand fourneau est adossé contre le milieu de l'une des parois latérales du wagon. (Nous devons remarquer cependant, que le manque de temps a empêché les

---

[1]) *Bonnefond* Nr. 52.

études toutes spéciales sur le fourneau, de sorte que certains détails exigeront quelques modifications ultérieures.)

Tel qu'il est, le fourneau contient deux grandes chaudières de 75 litres chaque, pour préparer le bouillon et boeuf, 2 grands vases à bain-marie pour le café et les autres boissons.

Pour empêcher l'épanchement des liquides on serre les couvercles pendant le trajet au moyen de bandes de bois pliables.

Des rayons fixés à la paroi du wagon au-dessus du fourneau portent la batterie de cuisine, dont chaque pièce est accrochée de manière à pouvoir la décrocher avec une facilité extrème tout en empêchant le cliquetis et le tremblement que pourrait causer le mouvement tremblotant du train en marche.

Deux lits, dont l'un destiné au chef de cuisine, l'autre à son aide, sont fixés à la paroi du wagon opposée au fourneau. Pendant le jour on les replie contre la paroi de sorte que nonseulement la cuisine n'en est pas encombrée, mais l'un des lits porte de plus une table pliante qui sert de dressoir.

Le baquet à rincer et l'égouttoir sont fixés à la même paroi où se trouvent les lits.

Les buffets contenant tout le service de table y compris les couverts sont fixés d'après le procédé en usage sur les navires, occupant les quatre coins du wagon; au-dessus sont placés les réservoirs d'eau en ferblanc d'une capacité totale de 1800 litres. Ils sont remplis à travers une ouverture ménagée dans le toit du wagon et l'eau

est distribuée en différents endroits au moyen de ro-
binets.

L'éclaîrage et la ventilation du wagon se fait au
moyen d'un grand lanterneau muni de quatre châssis
latéraux à coulisse.

Une pendule accroché à la paroi marque le temps."

C'est par des essais qu'il faudra constater si ce
wagon-cuisine tiendra ce que promet son installation en
fonctionnement continu sous la direction d'un vaillant
chef en hiver comme en été. Jusqu' à présent on était
si exclusivement occupé des wagons de blessés que les
autres installations en furent étrangement negligées. Le
récit des calamités occassionnées par un mauvais wagon-
cuisine que nous avons ci-dessus reproduit littéralement
avec intention, serviront à mettre en lumière l'importance de cette installation, bien que *por se* il n'y ait
pas de doute que le wagon-cuisine d'un train d'ambulance où il serait impossible de faire bouillir et rôtir
de la viande, ne soit une dérision! La tâche que l'on
devra se proposer dans les essais à instituer sous l'initiative des Ministères de la guerre est celle de fournir
200 hommes d'une bonne nourriture de soldat, et 20
à 25 hommes de nourriture d'officier, comprenant déjeûner,
dîner et souper. Comment cela sera-t-il effectué? Quel
nombre et quel genre d'ustensiles faudra-t-il employer?
Quel sera le nombre du personnel de service pour prendre
soin des malades couchés et des malades assis? Quelles
seront les heures de repas des malades? celles des infirmiers? celles des officiers? celles des médecins? etc.

Ce sont là des questions sur lesquelles ne sauraient délibérer seuls ni les militaires de rang élevé, ni les médecins militaires chefs ; c'est plutôt l'affaire des intendants de casernes et d'hôpitaux, des chefs de cuisine de casernes, de grands hôpitaux et d'hôtels, des fabricants de fourneaux etc. Il sera nécessaire de composer un réglement complet et détaillé concernant toute l'installation et son fonctionnement. Mais pour éprouver son utilité pratique il convient que l'on fasse des essais en temps de paix et qu'on ne sanctionne par un réglement que ce que l'expérience aura consacré comme utile. Cela concorde mal avec les tendances humanitaires de notre temps que l'on veuille faire des blessés eux-mêmes l'objet de ces expériences à l'occasion de la prochaine guerre ; il y aurait aussi décidément économie d'étudier actuellement ces arrangements avec soin et en toute tranquillité, plutôt que de faire en temps de guerre des installations qui, à peine mis en usage, manqueraient leur but. On blâmerait de bon droit les chirurgiens qui, sans faire des expériences préalables sur des animaux on des cadavres et sans autres expériences opératoires voudraient appliquer d'un coup sur des hommes vivants un nouveau plan d'opération qu'ils auraient imaginé ; dans les cas où il y a possibilité de faire préalablement des essais approfondis, l'Etat lui-même n'a pas le droit de faire ses expériences concernant le transport en masse des blessés à travers la moitié de l'Europe sur les corps de ses défenseurs blessés. Supposons qu'une dixaine d'années passe avant qu'une grande guerre éclate de nouveau, on ne

trouvera que peu de médecins pour les trains d'ambulance
qui posséderont des expériences personnelles dans l'affaire;
il faut donc que le réglement prenne la place de la
tradition comme résultat et expression de ce qui est
utile et praticable suivant les expériences acquises.

*   *
*

Si le médecin a incontestablement un vote à donner
là où il s'agit de l'installation des wagons des médecins
et des wagons-cuisine, parcequ'il y a là des questions
hygiéniques et diététiques à résoudre, son avis strictement professionnel rentre plutôt dans l'ombre lorsqu'il
est question de l'installation des trois wagons dont je
vais parler. Tandis que jusqu'ici j'ai combattu pour la
mise à exécution de principes déterminés, je me bornerai
en ce qui suit à faire quelques propositions et à signaler
les exigences que l'expérience a mises en relief, les détails de l'exécution sont affaire de l'administration et
admettent des modifications variées. Il est possible
que les propositions tendant à diviser les wagons, en
vue d'économiser l'espace, de manière qu'ils puissent
servir à plusieurs buts, rencontreront maintes objections
de la part des hommes techniques et de l'administration.

Le wagon-magasin [1]).

Ce wagon est destiné à recevoir la pharmacie, les objets de pansement, le linge. Il faut en outre y ménager un compartiment séparé pour serrer les matières comestibles, pour lesquelles le wagon-cuisine manquerait de place. Peut-être conviendrait-il aussi d'installer dans ce wagon à l'usage du garde-magasin une cabine à coucher comme celles des médecins, un peu plus petite si l'on veut. — En pratique on n'a pas trouvé bon, même dans les trains sanitaires prussiens, de confier au chef de cuisine simultanément l'administration du magasin. Je ne trouve pas non plus convenable de charger un médecin des détails de l'administration jusqu'au débit de chaque once de sel et de chaque compresse; dès lors il me semble qu'il faut pour chaque train sanitaire un garde-magasin responsable.

[1]) Le fait que la plupart des wagons-magasin et wagons à provisions des trains allemands aient été sans portes de bout et sans passage praticable, des deux côtés du quel on doit placer les armoires à fermeture, a été si généralement senti comme un grand inconvénient que je n'ai pas besoin de reproduire les plaintes à ce sujet.

Si l'on demandait un wagon à part pour le matériel de cuisine et un autre pour les objets de pansement, le train serait encore allongé d'un wagon, par conséquent alourdi.

Il y a naturellement d'autres combinaisons appliquables; on peut, par exemple, coucher deux personnes du service de cuisine dans le wagon-cuisine, comme il était prévu dans les trains français et bavarois[1]); toutefois, l'idée de faire servir le wagon à la fois de cuisine et de dortoir (où les cuisiniers et cuisinières feraient naturellement leur toilette) ne me semble pas très-appétissante et je préférerais d'employer l'espace disponible comme dépôt de matériel culinaire. M. *Mundy* trouve qu'il importe beaucoup de faire coucher le chef dans le wagon-cuisine vu qu'il est souvent nécessaire de faire préparer instantanément la nuit telle chose ou autre pour le service des blessés et malades.

Peut-être pourrait-on admettre que les objets de pansement, le linge et la pharmacie soient déposés dans un même wagon avec les effets militaires[2]). *Quant à*

---

[1]) *Hirschberg* Nr. 37, page 42.

[2]) Il était important pour moi de lire dans l'ouvrage de M. *Wasserfuhr* qu'après les expériences nombreuses qu'il a faites il trouve convenable, lui aussi, que l'espace des wagons-magasin soit utilisé à plusieures fins, contrairement à l'usage en vigueur. (Nr. 27, page 11); certains passages dans les rapports dont je parlerai plus loin semblent prouver que les trains sanitaires des sociétés de secours ont traîné généralement avec eux beaucoup trop de matériel.

l'expérience que l'on a recueillie sur les comestibles qui se prêtent le mieux au service des trains sanitaires, on trouvera des rapports très-dignes d'attention chez Wasserfuhr [1]*), Peltzer* [2]*), Schmidt* [3]*), Hirschberg* [4]*) Simon* [5]*), Sigel* [6]*).* Plusieurs ont relevé la nécessité de serrer pour l'hiver des pommes de terre et autres légumes, du vin, eau de de seltz, vinaigre, huile etc. dans des localités que l'on pourra chauffer par un froid trop rigoureux, car il est arrivé plusieures fois que ces denrées étaient gelées lorsqu'on voulut s'en servir d'urgence [7]).

Dans les armées de chaque état il existe, suivant l'usage du pays, d'autres réglements sur le mode de nourriture à observer dans les casernes et les ambulances, de sorte qu'il serait de peu d'effet de vouloir faire là-dessus des propositions en détail [8]). — De même, je me livrerais à un travail infructueux si je voulais présenter ici des plans détaillés pour la pharmacie, le matériel à pansement etc., puisque chaque armée suit en cela son propre chemin; en général, on ne peut et

---

[1]) Nr. 27, pages 10, 17 et 43.
[2]) Nr. 32, page 32.
[3]) Nr. 50, pages 26 et suiv.
[4]) Nr. 37, pages 45 à 48.
[5]) Nr. 28, page 9 et suiv.
[6]) Nr. 26, page 47 et suiv.
[7]) *Wasserfuhr* Nr. 27, page 12.
[8]) Il conviendrait que les trains sanitaires des sociétés de secours adoptassent aussi des règles précises quant aux provisions à emporter, pour éviter que les articles dont on peut avoir besoin plus tard, soient gaspillés, tandis que le train serait chargé d'articles inutiles.

ne veut pas anéantir sans façon le matériel existant, on ne peut pas toujours remonter les choses à neuf. C'est l'affaire de commissions spéciales composées de médecins militaires d'adapter aux trains sanitaires le matériel que l'on a avec son mode d'emballage.

Les dispositions introduites par M. *Esmarch* pour les ambulances des Sociétés de secours concernant le choix et l'emballage du matériel de pansement sont si excellentes que je n'y saurais rien ajouter[1]). — Que l'on juge maintenant plus convenable telle installation ou telle autre, il serait bon d'établir — au moins provisoirement — dans chaque armée *un seul* système pour le chargement du wagon-magasin, pour sortir là aussi des improvisations. L'inventaire composé pour un train sanitaire militaire prussien par l'administration du chemin de fer de Basse-Silésie à la Marche se trouve dans l'ouvrage Nr. 48, page 31.

[1]) Rapport de la succursale de Kiel de la société de secours aux militaires blessés et malades en campagne. Kiel 1872, page 35. Caisse d'ambulance de la Société de secours de Kiel. — page 48. Trois petites armoires à pansement pour ustensiles de campagne.

Le wagon-réfectoire.

On nous fera peut-être maintes objections si nous
demandons pour un train sanitaire un local à part pour
les repas. Mais après mûre réflexion on trouvera que
cet arrangement est à peu près indispensable, vu que
nonseulement il contribue au confort de certaine partie
des blessés et à celui du personnel, mais simplifie aussi
beaucoup la marche du service. — Nous avons déjà dit
plus haut [1]), qu'il sera absolument inévitable de recevoir
dans les trains sanitaires avec les autres des blessés qui,
pour la nuit, auront besoin sans doute d'un coucher
commode mais qui voudront rester hors du lit pendant
le jour. Pour cette catégorie de blessés nous avons re-
commandé le séjour dans la journée dans un wagon de
deuxième classe, modèle suisse. Mais comment mange-
ront ces hommes? Dans les wagons des blessés il n'y
a pas de place; faut-il qu'ils se couchent pour manger?
Cela serait bien désagréable à ces hommes; celui qui
est forcé de rester couché, s'y résigne, mais celui qui
peut se lever ne restera pas volontiers au lit. Et les

---

[1]) page 125.

médecins, le garde-magasin, les aides-chirurgiens? faut-il qu'ils mangent tous dans une marmite qu'ils placeront sur les genoux? Pour une fois ou deux cela peut avoir, comme nous l'avons déjà admis, une semblance bien romanesque, mais une existence pareille, continuée pendant des semaines et des mois n'est pas très-engageante.

De là il paraît très-utile, je dirai même nécessaire d'installer un réfectoire sur le train; la nécessité en est plus évidente encore du moment où le wagon des médecins n'est plus salon, mais divisé en 4 cabines; mais, abstraction faite de ce dernier arrangement, l'absence d'un local pour prendre les repas à l'usage du personnel de service, s'est toujours fait sentir[1]). Dans le train français on voyait un wagon affecté à cette fin; quant à moi je trouverais suffisant qu'on y employât les deux tiers d'un grand wagon, en réservant le troisième tiers pour servir de dortoir au personnel de cuisine (4 personnes), nonobstant que je doive convenir que la place du manger se trouvera par là trop réduite Les medécins, les officiers blessés qui restent debout pendant le jour, le garde-magasin pourraient prendre leurs repas à la même heure, ensuite les soldats blessés restant hors du lit aux heures du jour, et après ceux-là, les infirmiers, On trouvera facilement une distribution convenable. Dans la soirée on pourrait utiliser ce local pour les réunions sociales des médecins etc. sans empêcher que chacun puisse se retirer à volonté dans sa cabine.

---

[1]) *Sigel* Nr. 26, page 26.

Quant aux arrangements techniques, le mode de fixation des tables, des ustensiles etc. on suivrait l'usage adopté sur les navires. Le wagon-réfectoire du train français était arrangé de manière à pouvoir être transformé en wagon de nuit. Cela fournit aussi matière à délibération du moment où l'économie de place est mise en première ligne[1]). Ou pourrait finalement se décider à arranger le wagon de 2me classe dont j'ai proposé l'intercalation pour servir de séjour pendant la journée aux légèrement blessés, de manière à pouvoir servir en même temps de wagon-réfectoire et de simple voiture-salon. Le wagon-réfectoire deviendrait alors disponible pour servir à une autre destination (comme magasin, dortoir pour les hommes de service du train etc.).

---

[1]) M. *Schmidt* (Nr. 50, page 23) fait mention d'une table à manger dans le wagon, à l'usage du personnel de service, sans donner des détails. — Dans les trains bavarois un wagon-magasin était arrangé de manière que le commandant et les médecins du train pouvaient y prendre leurs repas. (*Hirschberg* Nr. 37, page 39.)

Le wagon à habillements.

On entend souvent des plaintes sur ce que les uniformes, les havresacs et autres effets des soldats encom-
brent l'espace dans les wagons des blessés, que l'air en
est corrompu et qu'on ne sait pas où fourrer ces objets [1]).
On a donc souvent énoncé le désir qu'un magasin à habillements soit établi dans chaque train d'ambulance.
Je trouve, moi, que c'est une nécessité; on n'a pas besoin
d'y appliquer un wagon entier, mais deux tiers d'un wagon y passeront pour serrer les effets de 180 blessés.
Le troisième tiers servira comme dépôt de bois et de
charbon, et pourra contenir deux lits pour deux personnes sur les quatre faisant alternativement le service de
la locomotive. En outre, on pourrait serrer dans cet
espace les lanternes, l'huile et les ustensiles de nettoyage [2]). Dans le cas où des motifs techniques empêche-

---

[1]) *Sigel* Nr. 26, page 19.

[2]) On lit chez *Peltzer* (Nr. 32, page 15): „On a souvent senti
l'absence d'un wagon spécial de bain." Le train français
exposé (*Mundy-Léon-Bonnefond*) contenait en effet un
espace destiné à recevoir une baignoire. J'admets volontiers
qu'il puisse être agréable dans certaines circonstances de pos-
séder les moyens pour administrer un bain sur le train, mais
je ne rangerais pas cela parmi les desiderata urgents.

raient la réalisation du désir tendant à ne pas changer les locomotives et leur personnel, les lits mentionnés à l'usage du personnel du chemin de fer seraient ou abolis ou affectés à une partie du personnel de cuisine, et le wagon-réfectoire serait alors débarrassé de lits.

Pour finir, je mentionnerai encore quelques choses qui se refèrent également à toutes espèces de wagons. On s'est plaint beaucoup par rapport aux *lanternes* et *lampes*[1]) qui devraient éclairer les wagons pendant la nuit, et cette plainte sera comprise par tous ceux qui ont l'habitude de voyager la nuit et savent par conséquent que les lampes s'éteignent fréquemment au milieu de la nuit. Pour les trains d'ambulance l'éclairage est une affaire très-importante et à laquelle il faut vouer une attention particulière et des études de prévoyance réitérées.

Une autre circonstance à remarquer c'est qu'il est important de pouvoir fermer tous les wagons à clé, dont une doit être entre les mains de chacune des personnes de service y compris les médecins. Il est arrivé souvent que le dérangement des serrures des portières a causé

---

[1]) *Wasserfuhr* Nr. 27, page 8. — *Sigel* Nr. 26, page 21. — *Virchow* Nr. 18, page 7. — *Peltzer* (Nr. 32, page 31) croit devoir dissuader l'usage de l'huile de pétrole; il rapporte d'un commencement d'incendie causé par le pétrole dans un wagon de malades qui fut par bonheur rapidément étouffé grâce à la présence d'esprit d'un voyageur. — *C'était du reste le seul cas de danger par l'incendie qui se soit produit sur les trains d'ambulance.*

des désagrements [1]). Le train français avait très convenablement une fermeture uniforme et simple. — Pour illustrer la nécessité de la fermeture, je citerai ici les paroles de M. *Schmidt* (Nr. 50, page 14): „J'ai souvent entendu des plaintes contre des irruptions faites dans les trains sanitaires; une couverture par exemple est un butin précieux en hiver lors même qu'il ne servirait qu'à l'usage personnel du voleur." — Voir aussi *Simon* Nr. 23, page 29.

Quelque petit que cela paraisse, il ne faut pas oublier de *marquer bien visiblement de la croix rouge* tous les wagons faisant partie d'un train d'ambulance. Les rapports de guerre ont trop souvent relevé les inconvénients causés par l'omission de cette formalité pour pouvoir en nier la nécessité. Cette marque pourra aussi contribuer à la possibilité de recouvrement de wagons des trains sanitaires qui disparaissent si souvent en guerre, tandis qu'en l'absence de cette marque, il était ordinairement impossible de les retrouver.

*   *   *

Quelle sorte de wagons faut-il employer pour en faire des wagons des médecins, wagons-cuisine etc?

Pour installer les wagons des médecins et les wagons-réfectoire il faut prendre ceux de voyageurs à fenêtres latérales et portes de bout, dont l'espace intérieur est rendu disponible par l'enlèvement de tous les sièges.

---

[1]) *Sigel* Nr. 26, page 21.

Pour former un wagon-cuisine, wagon d'approvisionnements et wagon à habillements on emploiera mieux
des wagons à marchandises éclairés par des lanternes
du plafond, pour ne pas perdre de l'espace aux parois.
On mettra une fenêtre dans la cabine du garde-magasin
à l'endroit le plus convenable.

Il est très-peu probable que les Etats ou les Sociétés de chemins de fer veuillent jamais consentir à gar-
der et conserver sans emploi pendant la paix des wagons
installés de la façon décrite. Le wagon des médecins
serait le seul que les administrations puissent faire entrer dans l'exploitation comme wagon de nuit, et je suis
convaincu qu'il se trouvera très-souvent des voyageurs
qui payeront volontiers le double prix de 1re classe pour
une cabine de cette sorte. — Le wagon des médecins et
le wagon-cuisine demanderont les plus grands soins et
le plus de frais d'installation, mais du moment où l'on
n'aura pas à depénser du temps et de l'argent pour des
essais, et que tout sera livré et monté d'après les instructions fixées d'avance, la transformation se fera très-prompte-
ment. Dans tous les progrès accomplis de notre temps,
quelque changeants qu'ils étaient, nous avons vu que la
technique ne restait pas en arrière et qu'elle avançait
toujours de conserve avec les exigences. — Les wagons
destinés à servir de réfectoire, de magasin d'approvision-
nement et de magasin d'effets militaires peuvent être
arrangés au moins tout aussi vite qu'un wagon de blessés, et pendant que l'on installe les 20 wagons de blessés, on pourra terminer aussi le wagon des médecins et

le wagon-cuisine. — A partir du moment où la guerre
paraît certaine jusqu'à la déclaration de guerre et la
première rencontre des armées, il y a ordinairement un intervalle de 4 semaines et plus. — Si le travail est bien
distribué et le plan bien fixé, il sera possible d'établir
un grand nombre de trains d'ambulance pour les états
belligérants[1]. — Toutefois on ne saurait s'attendre à un
résultat pareil que là où l'on serait parfaitement fixé sur
les principes aussi bien que sur tout les détails de la
question.

*   *   *

Je rapporterai encore ce que l'on trouve consigné
dans la littérature ad hoc sur les prix de revient des
trains d'ambulance. Il est vrai que cela n'a qu'une valeur relative, attendu que les prix des matières changent
tout autant que ceux de la main d'oeuvre.

Bonnefond dit que les arrangements qu'il a introduits dans les wagons à marchandises pour les rendre
propres au service de transport des troupes et des blessés d'après les principes *Mundy*, font monter le prix du
wagon d'environ 1000 francs comparé au prix de revient
d'un wagon à marchandises actuel[2]. Il relève en outre
que, pour établir en peu de temps des wagons ainsi mo-
difiés, la difficulté n'est pas si grave, attendu que le

---

[1] La fabrique de wagons de Ludwigshafen a *construit à neuf
dans six semaines* le train d'ambulance du Palatinat. *Schmidt*
Nr. 50, page 9.

[2] *Bonnefond* Nr. 52.

mouvement des marchandises sur les chemins de fer augmente si constamment que les administrations se voient forcées de faire construire annuellement de plus en plus de wagons à marchandises, abstraction faite de ceux qu'il faut remplacer pour cause d'usure. — Dans le contrat fait par la Société française de secours aux blessés avec M. *Bonnefond* pour la construction du train sanitaire exposé à Vienne (la copie de ce contrat m'a été communiquée par l'obligeance de M. *Mundy*) les prix des wagons sont fixés ainsi qu'il suit:

Wagon des médecins .... 10000 francs
Wagon-cuisine .... 5750 „
Wagon-magasin .... 5750 „
Wagon des blessés ...... 5000 „

Les frais occasionnés par la transformation de wagons de quatrième classe du chemin de fer de Basse-Silésie à la Marche en wagons divers pour servir aux trains d'ambulance, se traduisaient au commencement de l'an 1871 par ces chiffres (Nr. 48, page 18):

1. 20 wagons de malades à 97 Thlr......1940 Thlr.
2. 1 wagon-cuisine agencé............. ...... 535 „
3. Les deux wagons-magasin et celui à charbon .... 91 „
4. Le wagon d'administration avec pharmacie .... 122 „
5. Deux wagons des médecins à 58 Thlr....116 „

soit, le train complet, à l'exclusion du wagon à bagages fourni et repris ensuite par l'administration du chemin de fer de Basse-Silésie à la Marche, environ 2800 Thalers.

Les documents publiés par les Sociétés ne contiennent pour la plupart que l'indication des sommes contribuées par chacune des Sociétés à l'établissement des trains d'ambulance, ce qui ne nous donne pas la mesure du coût de ces installations.

Composition du train d'ambulance
(disposition des wagons) et la répartition des blessés et malades. Création de trains d'ambulance par des Sociétés. Direction des trains.

Pour que le service du train d'ambulance chargé de blessés et de malades puisse se faire aussi convenablement que possible, il importe beaucoup que les wagons soient *rangés* comme il faut. Là-dessus les opinions varient: jusqu'à à présent la disposition n'était pas libre, parceque certains wagons, tels que les wagons-magasin ou des wagons de voyageurs intercalés ne pouvant pas être traversés, étaient forcément attachés à la queue du train. M. *Hirschberg*[1]) entre autres nous donne une image très-claire du dérangement causé par exemple dans la distribution des repas lorsque la communication entre les wagons se trouve quelque part interrompue.

Supposons que *tous* les wagons aient des portes de bout et le passage par le milieu, il y aura toujours, en rangeant les wagons deux choses à considérer, d'abord que le service soit exact et aussi commode que possible

----

[1]) *Hirschberg* Nr. 37, page 43.

pour le personnel; ensuite, que le nombre des freins soit proportionné à celui des wagons, et qu'il n'y en ait point sur les wagons de blessés, pour éviter les chocs directs de ces voitures.

Ceux qui voudront proposer des plans pour la distribution des wagons, devront dès l'abord renoncer à vouloir satisfaire tout le personnel hospitalier ou économique; les uns auront toujours moins de commodités que les autres pour faire leur service, il ne s'agit donc que de réduire autant que possible les inconvénients dans les choses essentielles.

M. *Wasserfuhr* a écrit là-dessus ce qui suit:

„Pour résoudre les différentes tâches difficiles qui se rattachent aux trains sanitaires, une des premières conditions est, à mon avis, la disposition convenable des wagons servant à des buts différents, et qui constituent, dans leur ensemble, le train sanitaire. Le procédé des chefs des différents trains sanitaires n'a pas été, sous ce rapport, le même. Pour moi il était de rigueur de placer les deux voitures-fourgon à la queue du train, vu que l'une était absolument inaccessible pendant la marche du train, et qu'il fallait tenir fermée l'autre; ensuite, le wagon à voyageurs, habité par l'économe et l'un des aides-chirurgiens roulait immédiatement devant le fourgon dont la clé était entre les mains de l'économe, tandis que le wagon-cuisine était rangé, avec le fourgon d'aprovisionnement à passage ouvert, précisément au milieu des 20 wagons de malades, pour permettre aux infirmiers de porter promptement les plats aux blessés des deux côtés; enfin,

le wagon occupé par le chef du train et l'autre aide-
chirurgien formait l'autre bout du train, et n'était séparé
de la locomotive que par le tender découvert. De cette
façon tous les wagons ensemble se trouvaient pris entre
ceux occupés par les médecins. Si l'on voulait placer
le chef du train, voire même tous les médecins et avec
eux l'économe, au milieu du train devant ou derrière le
wagon-cuisine, qu'en arriverait-il? Comme on ne pourrait guère exiger d'eux de laisser le passage libre pour
tout le monde à travers leur wagon, notamment celui
de la cuisine aux wagons des blessés et retour, la libre
communication de la tête à la queue du train, comme
elle existait sur le 5me train sanitaire au grand avantage
du service, serait donc détruite. Quant à moi, je prise
très-haut cette communication pendant la marche du
train, et je fais moins peser dans la balance la peine
qu'on avait à subir pour arriver de la queue jusqu'au
chef du 5me train sanitaire, ou celle qu'il avait à employer pour arriver au dernier wagon?

M. *Schmidt* s'occupe à fond de la disposition des
wagons. Il dit:

„La suite à observer dans la file des wagons des
différentes sortes ne doit pas être arbitraire, elle doit au
contraire se fonder sur la facilité de surveillance générale et la commodité du service hospitalier, aussi bien
que sur les exigences du service de chemin de fer.

Il semble naturel à première vue, que les wagons
affectés à l'administration et à l'économat soient placés
au milieu du train pour que le personnel puisse se rendre

aisément aux wagons des deux côtés ; néanmoins, des vues divergentes se sont produites là-dessus sur les trains sanitaires de la dernière guerre. Ainsi par exemple, les trains wurtembergeois avaient leurs voitures-cuisine à l'une des extrémités du train ; elles étaient suivies de voitures destinées aux malades assis ; alors seulement venaient les voitures de blessés proprement dites (voir *Simon* Nr. 28, pages 2 et 3) ; ainsi, l'alimentation des occupants de ces voitures-là qui certes en avaient besoin avant tous les autres, a dû se faire à travers d'une série de wagons, ce qui ne facilitait pas le service. Il n'est donné aucune raison pour cette disposition anormale des voitures-cuisine, et M. *Simon* propose lui-même (voir page 28) de placer ces voitures au milieu du train, ce qu'il qualifie de bon droit d'amélioration désirable pour les trains sanitaires du Wurtemberg.

M. le Dr. *Wasserfuhr* (voir son ouvrage page 187) a émis une autre opinion. Il veut que les wagons des médecins soient placés aux deux extrémités du train afin que les médecins ne soient pas la nuit troublés dans leur sommeil par les passants. Je reconnais parfaitement la nécessité du sommeil pour les médecins, mais je ferai remarquer, que le passage par les wagons des médecins n'a lieu à chaque voyage que pendant une ou deux nuits, tant que le train roule la nuit dans son propre pays ; ailleurs on passera très-bien à l'extérieur des wagons sur les marche-pieds décrits plus haut ; dès lors il serait inutile de déplacer les wagons des médecins du milieu du train à cause de ce petit inconvénient, tandis que leur placement au milieu présente des avantages que je signalerai plus loin.

Le service des chemins de fer exige quant à la suite à observer dans le placement des wagons, qu'il y ait sur les deux extrémités du train entre la machine et le premier wagon occupé par des hommes, des wagons protecteurs (dans lesquels le séjour n'est permis que tout au plus aux employés de service du train), et que les wagons munis de freins soient convenablement distribués.

La première condition se trouvera bien remplie si l'on emploie des voitures à bagage comme wagons protecteurs sur lesquels se trouveront aussi les coupés à freins pour le personnel du service de la ligne. L'espace affecté aux bagages pourra convenablement servir de magasin pour les depôts plus considérables de comestibles, pour les objets de pansement et quelques brancards de rechange, et s'il n'y a pas de wagon spécial pour les effets militaires: uniformes, havresacs etc. des blessés, on pourra y caser encore ces objets qu'on ne doit pas laisser traîner dans les wagons de malades; les grands espaces pourront aussi abriter en été une caisse à glace. Les petits espaces (stalles aux chiens) recevront les outils (crics, leviers etc.) ainsi que les pièces de rechange des voitures (boîtes d'essieu, ressorts, appareils de traction etc.); les bielles de traction entières seront attachées le long des bancs. Ces pièces de rechange sont indispensables pour que l'on puisse en cas de rupture, réparer immédiatement les avaries et prévenir la nécessité de détacher le wagon avarié. Les wagons protecteurs n'ont pas besoin d'être à passage ouvert, attendu qu'ils ne recevront que les depôts plus considérables que l'on prendra aux stations.

En ce qui concerne le nombre des voitures à frein, les instructions générales portent qu'un cinquième des wagons doit en être muni, de là, un train de 30 voitures en aura six de cette espèce. C'est encore un motif pour placer aux bouts du train des voitures à bagages qui sont toutes munies de freins. Les 4 autres voitures à freins ne doivent pas être prises dans le nombre des voitures de malades et de cuisine, à cause des ébranlements inévitables lorsqu'on fait jouer le frein; il ne reste donc à cette fin que les voitures occupées par le haut et bas personnel et les wagons-magasin, dont les occupants ne sont pas mis en danger par les chocs. Il faut que ces quatre wagons à frein soient distribués sur le train, ce qui ne peut cependant se faire à cause de l'interruption que produirait cet arrangement dans la série des voitures de malades, mais il suffira de les placer par couples à peu près au milieu du train, pour obtenir que lors de la séparation du train en deux parties, les voitures à frein se trouvent de nouveau aux deux bouts.

Ces considérations ont servi de mesure lors de l'établissement du train sanitaire du Palatinat composé de 28 voitures dans l'ordre suivant:

Nr. 1. Une voiture à bagage avec frein.

Nr. 2 à 11. Dix voitures de malades.

Nr. 12. Voiture du Chef du train (membres du Comité) à frein.

Nr. 13. Voiture des médecins, à frein.

Nr. 14. Voiture-cuisine principale I.

Nr. 15. Idem succursale II.

Nr. 16. Wagon-magasin, à frein.

Nr. 17. Wagon d'infirmiers, à frein.

Nr. 18 à 27. Dix voitures de malades.

Nr. 28. Wagon à bagages, à frein."

M. *Simon* trouve que la meilleur disposition (Nr 28, page 27) est celle-ci:

Nr. 1. Locomotive avec tender.

Nr. 2. Wagon-protecteur (wagon à bagages avec cabinet d'aisance).

Nr. 3 à 7. Cinq wagons de blessés contenant chacun 14, respectivement 16 lits.

Nr. 8. Wagon du personnel avec 8 lits et ameublement.

Nr. 9. Voiture de IIe classe à sièges pour le personnel.

Nr. 10. Wagon-cuisine.

Nr. 11. Fourgon d'approvisionnements (wagon de IIIe classe avec passage ouvert.

Nr. 12. Voiture de II° classe à sièges pour légèrement blessés et malades.

Nr. 13 à 17. Cinq wagons de blessés.

Nr. 18. Wagon à bagages avec cabinet d'aisance.

„La composition des *trains sanitaires militaires prussiens* etait faite de manière que le wagon-cuisine était mis au milieu du train, pour pouvoir distribuer de là les aliments des deux côtés d'une manière uniforme et rapide. Le wagon-cuisine était précédé du fourgon d'approvisionnements et suivi du wagon de l'éco-

nomat servant de séjour aux médecins dans la journée;
puis suivait des deux côtés. 10 wagons de malades, ensuite
à l'un des bouts le wagon du médecin en chef, le fourgon
du depôt principal et le wagon à bagages; à l'autre bout le
wagon des infirmières et enfin le fourgon au combustible."

Je pars du point de vue que le wagon des médecins soit partagé en cabines et que tous les wagons aient
un passage traversant la longueur, enfin que les 5 freins
nécessaires soient montés sur le fourgon à effets militaires, le wagon des médecins, le wagon-réfectoire, le
fourgon-magasin et un wagon de 2e classe, séjour des
légèrement blessés quittant leur lit pendant le jour. —
Sans doute le plus pratique serait de pouvoir mettre les
4 wagons désignés en premier lieu avec le wagon cuisine
tous ensemble au beau milieu du train pour pouvoir distribuer à partir de là toutes choses des deux côtés et
avec une promptitude égale. Mais alors ce seraient précisément les voitures des blessés qui se trouveraient sur
les extrémités où les oscillations du train sont les plus
fortes; d'ailleurs des motifs techniques exigent qu'un
wagon à frein soit mis au bout; de là les 6 wagons
mentionnés ne peuvent pas rester concentrés sur un point.
— Quant au dérangement que souffrent les blessés par
suite du passage du monde par leurs wagons, c'est une
chose inévitable lors de la double visite du médecin et
pendant la distribution des repas. La répartition des objets de pansement et des médicaments peut avoir lieu en
une seule fois le matin à une station d'arrêt de manière
que chaque infirmier puisse porter son matériel du déhors

directement dans son wagon respectif sans passer par les autres. — Le passage des blessés, restant hors du lit pendant le jour, au wagon de IIe classe, affecte tous les wagons également de quelque manière qu'on les aît placés; le passage est aussi inévitable dans les cas extraordinaires où il faut chercher les médecins ou des cordiaux. Tout cela serait arrangé au mieux, si tous les wagons non occupés par des blessés pouvaient être réunis au milieu et que la communication ne dût s'étendre de ce point central que sur la moitié des wagons de blessés de chaque côté. Cela est cependant impossible, comme nous venons de montrer, à cause des freins. — Si nous demandons qui sera le plus sérieusement dérangé par le passage fréquent par son wagon, il faut répondre que ce sera probablement le personnel de cuisine, occupé presque toute la journée, tantôt à préparer les matières alimentaires pour la cuisson et les faire cuire, tantôt à récurer la vaisselle. Les interruptions fréquentes dans leur service rendent ces gens de mauvaise humeur, les empêchent d'être prêts à l'heure due, et ce sont encore en première ligne les blessés qui en souffrent [1]). Le wa-

---

[1]) M. *Sigel* (Nr. 26, page 19) se prononce contre le placement du wagon-cuisine au bout du train, il en fait ressortir les inconvénients d'une manière très-énergique. — M. *Peltzer* (Nr. 32, page 15) préconise aussi la position des wagon-cuisine, de matériel et celle des fourgons d'approvisionnements au milieu du train. — Dans les trains bavarois la cuisine était d'abord placée au milieu, plus tard on l'a transféré à la queue du train. (*Hirschberg* Nr. 37, page 39.) — *Simon* (Nr. 28, page 27) se prononce absolument pour le placement du wagon-cuisine au milieu du train.

gon-magasin contenant la plus grande partie des matières à l'usage de la cuisine ne saurait être séparé du wagon-cuisine. — Le wagon des médecins devrait se trouver au milieu du train pour que le médecin soit trouvable, dans les cas extraordinaires, par la voie la plus courte. Le wagon-réfectoire serait le mieux placé tout près de la cuisine, mais c'est encore impossible, vu qu'alors trois freins se suivraient au bout du train; il faut, par conséquent le séparer de quelques wagons de blessés du wagon-cuisine. Quant au fourgon à effets militaires, celui-là peut être rangé immédiatement après le fourgon à houille. La disposition serait donc celle-ci:

Fourgon à effets militaires, à frein.

5 wagons de blessés.

Wagon de 2me classe, à frein.

5 wagons de blessés.

Wagon des médecins, à frein.

5 wagons de blessés.

Wagon-réfectoire, à frein.

5 wagons de blessés.

Wagon-cuisine.

Fourgon-magasin, à frein.

Dans le cas où il serait désirable dans l'intérêt de la distribution rapide des repas que le wagon-cuisine et le fourgon-magasin se trouvent au milieu du train, le wagon des médecins devrait être relégué à la tête ou à la queue du train.

*　　*　　*

Je ne pense pas qu'il y aît aujourd'hui différence d'opinion à reconnaître que les trains sanitaires soient destinés aux malades en campagne tout aussi bien qu'aux blessés. Toutefois la promiscuité de malades directement contagieux (par exemple ceux atteints d'exanthèmes aigus) avec les blessés pourrait devenir dangereuse pour ces derniers; de même les malades répandant la contagion par leurs exhalaisons et leurs déjections (tels que les malades atteints de fièvre typhoïde, de dyssenterie, de choléra) sont des hôtes redoutés dans les wagons de blessés. Les aliénés ne sont transportables que si l'on a des infirmiers en nombre suffisant pour les surveiller. Ordinairement les aliénés deviennent dans les wagons de chemin de fer si inquiets et si tapageurs qu'on est obligé de les isoler dans un wagon à part qu'un autre blessé ou malade ne peut partager avec eux. Très-génantes pour un train de blessés sont aussi les espèces graves des maladies contagieuses des yeux, lues et gangrène des hôpitaux, parceque ceux qui en souffrent demandent à être isolés autant que possible, ou en tous cas de grandes précautions de la part des médecins et infirmiers sous peine de propager la contagion à d'autres par leurs mains et par les appareils de pansement. — Tant qu'il ne s'agit que d'évacuer en partie les ambulances de guerre pour les rendre accessibles aux blessés des batailles subséquentes, il y a peu de difficultés pour faire son choix. Mais lorsqu'il faut évacuer finalement toutes les ambulances, surtout en pays ennemi, parcequ'on veut les dissoudre, les trains sanitaires sont obligés de recevoir tous les blessés et malades qui ne sont pas transportables d'une autre manière. En ce cas il faut laisser au médecin directeur du train sanitaire de prendre ses mesures de façon à éviter autant que possible la contagion.

Partager le train sanitaire à l'instar d'un hôpital en sections distinctes selon les espèces de maladie, c'est un désir impossible à réaliser. Il serait tout aussi vain de vouloir faire une classification suivant les nationalités; ce qu'on a vu pendant la dernière guerre a montré que cette mesure n'était nécessaire ni dans les ambulances ni dans les trains sanitaires, tout au plus si dans les grandes ambulances-baraques on a cru pouvoir y songer dans la suite par égard pour les sentiments des blessés. Les soldats blessés français et allemands se sont, dans la plupart des cas, bien comportés ensemble; ils se comprirent mutuellement jusqu'au degré qui leur fit sentir qu'ils étaient tous dans la même situation et qu'ils étaient traités avec des soins égaux. On n'a fait une exception que pour les officiers parceque presque tous les officiers allemands parlaient français; les officiers français auraient été très-gênés par cette circonstance, ils auraient été agacés en entendant rire et plaisanter entre-eux leurs camarades allemands, ne sachant pas de quoi il était question.

Les égards que l'on doit étendre aux *officiers dans les trains d'ambulance* se bornent à les placer ensemble dans un wagon à part[1]); chaque officier a son brosseur avec lui, il faut par conséquent compter deux lits pour

---

[1]) *Wasserfuhr* Nr. 27, page 41.

chaque officier. Comme il faut que tous les lits soient également bien arrangés, on peut affecter n'importe lequel des wagons de blessés à l'usage des officiers suivant le besoin; il n'est pas recommandable d'installer avec une élégance particulière un ou deux de ces wagons pour les officiers, on ne doit pas non plus insister absolument sur la séparation. Le médecin-directeur du train se trouverait souvent dans le cas, par suite des circonstances extérieures, soit de ne pas pouvoir remplir le wagon d'officiers, de laisser, par conséquent une partie des lits inoccupée, soit de ne pas avoir de la place pour tous dans ce wagon; alors il serait pénible de faire un choix. Mais il faudrait en tous cas réserver aux médecins le droit d'employer les brosseurs trop peu occupés au service exclusif de leur maître, à celui du train sanitaire, si leurs officiers y consentent.

Nous avons déjà parlé plus haut de la promiscuité du transport de légèrement et de grièvement blessés, de convalescents et d'invalides sur les trains d'ambulance, en constatant en même temps qu'une combinaison pareille n'est pas en général vue de bon oeil de la part des directeurs de train.

*   *   *

La plupart des états a déjà reconnu et quelquesuns ont confirmé officiellement par des réglements, très peu parfaits à la vérité, que l'établissement de trains d'ambulance forme une partie essentielle du transport des blessés, qu'il faut, en conséquence, *considérer ces trains comme une institution à introduire dans l'armée par l'Etat.*

Il n'est pas douteux, cependant, que l'Etat n'accepte avec reconnaissance la coopération des Sociétés ayant pour tâche le secours aux blessés et malades pendant la guerre, si elles veulent créer de leur côté des trains d'ambulance. Toutefois, l'Etat se réservera toujours dans ce cas le contrôle sur les installations introduites dans ces trains, de même qu'il aura le contrôle sur les ambulances des Sociétés. Ce contrôle est une chose excessivement simple et purement formelle là où des médecins et des chirurgiens d'une habileté connue auront pris l'affaire en main. Mais ainsi qu'on a vu parfois, pendant la dernière guerre du traitement des blessés et malades équivoque, il y avait aussi des trains d'ambulance de ce genre. Tout ce qui est fait dans une bonne intention n'est pas toujours convenable et utile. L'état ne doit pas, d'un coté, admettre au service des trains d'ambulance sociétaires qui se départent des principes hygiéniques et chirurgicaux développés plus haut, et ne doit pas non plus autoriser une dépense excessive pour le luxe dans ces trains. Au commencement d'une guerre populaire l'assistance personnelle et l'argent arrivent en masse, si l'on en est trop prodigue d'abord, il manquera bientôt dans la suite. Pendant la dernière guerre ou a vu dejà au commencement de l'an 1871 un épuisement très-sensible du côté des sociétés, ce qui était très naturel. Cependant pourquoi les blessés des batailles subséquentes auraient-ils droit à moins d'aisance que ceux des premiers combats? Ensuite l'inégalité allait quelquefois jusqu'à à la franche injustice. Que les Sociétés songent donc à installer leurs trains sanitaires de la manière proposée aujourd'hui par les experts et qui sera probablement adoptée par les états belligérants, alors tout ce qu'il y a de bon dans ces installation reviendra également à tous les blessés.

C'est avec intention que je rèleve ici ces choses de nouveau, en ayant déjà parlé plus haut [1]). — Sitôt qu'une société de secours aura installée un train d'ambulance, il faut qu'un expert délégué par l'Etat vienne examiner dans tous les sens, y compris la qualité et la quantité du personnel, son aptitude au service. Les sociétés ne doivent pas s'en formaliser, elles manqueraient absolument leur but en rendant impossible à l'Etat l'acceptation de leurs concours par une manière d'agir précipitée ou arbitraire.

L'irritation des autorités militaires contre le secours volontaire aux blessés avait atteint le plus haut degré dans certains périodes de la dernière guerre, et il y avait à cela — il faut le reconnaître — en partie de bonnes raisons. Il n'y a pas de doute qu'il ne soit nécessaire d'établir un réglement plus rigoureux à cet égard dans une guerre prochaine et cela dans l'intérêt de la cause, autrement les autorités militaires seraient forcées de repousser l'assistance volontaire aux blessés.

---

[1]) pag. 95.

J'ai la conviction qu'on trouvera plus facilement une solution à ces difficultés à la guerre prochaine vu la masse d'expérience qu'on a recueillie sur ce sujet, ce qui a certainement fait comprendre aux autorités militaires aussi bien qu'aux sociétés de secours volontaire qu'ils peuvent obtenir des résultats extra-ordinaires s'ils restent unis, tandis qu'étant séparés il ne pourront faire que la moitié à demi et encore avec des efforts très pénibles.

La question à savoir si les gouvernements des différents pays sont en mesure de contraindre les sociétés des chemins de fer à construire en cas de guerre un nombre de trains sanitaires suivant des règles déterminées d'avance, ou comment les sociétés des secours doivent procéder pour créer des trains de ce genre, cette question dépend trop des circonstances, très variables dans chaque pays, pour qu'il y aît une ombre de sens pour nous à faire ici des propositions à ce sujet.

*　　*　　*

Il faut que je dise encore un mot sur *la direction et la gestion des trains sanitaires.* C'est très-heureux et doit être salué comme une conquête très importante que la gestion des trains sanitaires prussiens établis par l'Etat, aît été confiée au médecin militaire directeur du train, cela aurait été un contresens de nommer à cette charge un officier[1]). La surveillance du personnel hos-

---

[1]) Voir l'excellente opinion motivée de *Wasserfuhr* (Nr. 27, page 20) plaidant pour la nécessité de donner la gestion des trains d'ambulance aux médecins.

pitalier ainsi que la responsabilité par rapport au matériel en général ne peut regarder que le médecin directeur, qui a pour subordonné un garde-magasin, en la
personne, si l'on veut, d'un sous-officier ou sergent-
major.

En ce qui concerne les trains sanitaires des sociétés
de secours[1]), leur gestion doit être également entre les
mains d'un médecin connaissant à fond tous les détails
du service des trains d'ambulance. Mais lorsque c'est
un médecin civil non autorisé à porter un uniforme, il
convient de lui attacher un officier de l'armée en uniforme dont la tâche sera de communiquer avec les autorités militaires pour les affaires formelles suivant le
sens et le but assigné au train pendant son trajet. Cet
arrangement est particulièrement nécessaire lorsque le
train passe en pays ennemi, mais ce n'est pas moins
désirable quand il reste dans son pays. Les commandants d'étape et les médecins militaires respectent en
première ligne l'uniforme — et ils ont bien raison.

Certains trains sanitaires des Sociétés de secours
auraient mieux réussi et souffert moins de désagrément
pendant leur trajet s'ils avaient eu à bord un officier.

---

[1]) La précipitation avec laquelle on a fait au commencement
l'installation de ces trains, était cause de plusieurs défauts,
essentiels en partie dont ils étaient entachés, ce qui est confirmé par *Virchow* (Nr. 18, page 7) et par *Sigel* (Nr. 26,
page 12). — Quant aux relations d'affaires existant entre les
administrations des chemins de fer et les Sociétés de secours
voir les remarques très-importantes faites par *Simon* (Nr. 28,
page 26).

Il faut bien que les trains sanitaires des sociétés de secours acceptent de bon gré cette petite restriction dans
l'intérêt du but de leur expédition. Il existe de nombreux rapports qui prouvent dans quelles pénibles
situations tombaient souvent ces trains par la raison
qu'ils étaient dépourvus de caractère officiel, et la réalité
était plus désolante encore qu'on ne veuille l'avouer [1]).

---

[1]) Nr. 34, page 51. — *Sigel* Nr. 26, page 14. — Il paraît que
les directeurs des trains d'ambulance des Sociétés wurtembergeoises de secours, autant qu'ils étaient médecins, ont particulièrement senti les inconvénients techniques attachés à la
direction d'une ambulance aussi bien qu'à celle d'un train
sanitaire; c'est ce qui fournit probablement à M. *Sigel* (page 16)
le motif pour proposer que la direction du train soit retirée
au médecin directeur; il est aussi le seul médecin, autant que
j'ai pu constater ce fait par la lecture des ouvrages sur la
matière, qui se soit prononcé en général contre la gestion de
ces trains par un médecin, tandis que je tiens cela en principe
tout aussi nécessaire que l'est la direction d'un hôpital par
un médecin. — Qu'il y aît eu des difficultés graves même
pour un homme tel que M. *Virchow* pour conduire à bonne
fin son expédition, cela ce voit par plusieurs passages de son
rapport (Nr. 18). — *Peltzer* (Nr. 32, page 12) se prononce
dans le même sens. — Les trains des Sociétés badoises ne
fonctionnaient avec succès qu'après que le prince Charles de
Bade en eût pris la direction militaire (Nr. 35, page 70). —
Il paraît cependant que la plus forte distraction dans la direction et les autres relations de service a dû règner sur les
trains bavarois (*Hirschberg* Nr. 37, page 42). Nous voyons
là un commandant avec sous-officier et soldats, un admini-
strateur à qui étaient subordonnés les infirmiers, des religieuses
qui, à leur tour, avaient sans doute leur supérieure! Au
milieu, au dessous et à côté de ces trois pouvoirs étaient
placé les médecins! *Heller* dit que la position du médecin
directeur sur ces trains-là était „tout à fait fausse". *Hirschberg* Nr. 37, pages 54 et 57,

Des commissions entières de sociétés de secours se sont
rendu quelquefois avec leurs trains sur le champs de
bataille; c'était chose inutile et peu convenable. Tout
ce qui n'est pas blessé, malade, garde-magasin, cuisinier,
médecin ou infirmier n'a rien à faire dans le train d'ambulance; sur un espace aussi étroit les individus n'ayant
pas une charge déterminée, et qui voudraient encore se
mêler des affaires du médecin directeur, sont très em-
barrassants et ne causent que des confusions dans l'ensemble du service [1]).

---

[1]) Voir à ce sujet *Sigel* Nr. 76, pages 12 et 15.

Le train d'ambulance en action.

Il reste encore à traiter de quelques points qui ont montré leur importance pendant l'action des trains d'ambulance et sur lesquels il serait utile d'arriver à un accord général.

Bien qu'il paraisse qu'il devrait s'entendre de lui-même, que la même machine locomotive et le même conducteur de machine restent constamment avec le train, attendu que, d'une part, il est très-important pour les occupants des wagons que le directeur médical soit d'accord avec le conducteur de la machine quant à la vitesse du roulement, la manière de faire agir les freins et d'aborder, que d'autre part le train sanitaire serait exposé au risque de rester en souffrance ça et là si sa locomotive venait à être employée ailleurs et qu'il serait obligé d'en attendre une autre: on sait toutefois que cela est réellement arrivé maintes fois[1] et que c'est sans contredit un inconvénient[2]; de là il n'y a que la direction on

---

[1] *Sigel* Nr. 26, pages 13 et 18.

[2] Nous nous rendons parfaitement compte de ce que la mise à exécution de ce desideratum ne soit réalisable par rapport au personnel qu'aussi loin que s'étendent ses connaissances rela-

l'escorte militaires qui puissent garantir pendant la guerre contre ces calamités qui menacent les trains des Sociétés.

Les médecins et les sociétés de secours demandent avec raison que les trains d'ambulance soient créés simultanément avec l'équipement des troupes pour la guerre afin que les trains soit prêts lorsque le premier combat est livré. Cela est parfaitement dans le domaine de la possibilité; l'Etat doit sentir le devoir d'établir des trains sanitaires avant que la guerre commence, comme il se sent obligé de tenir prêts les autres moyens de transport pour les blessés. Il y a lieu à espérer qu'il en sera ainsi, les avantages en sont trop évidents. Aujourdhui l'Europe est tellement sillonnée de chemins de fer que tout champ de bataille quelque part qu'il soit n'est pas trop éloigné d'une gare de chemin de fer. Au lieu de transborder les blessés des voitures et brancards dans des maisons de rencontre qui deviennent ainsi hôpitaux lors même qu'elles présentent des conditions hygiéniques très-mauvaises, on pourrait transporter une grande partie des grièvement blessés directement sur un train sanitaire. Les troupes et les médecins des ambulances retrouveraient ainsi plus vite leur liberté d'action et redeviendraient plus rapidement disponibles; l'entretien des blessés, si difficile dans les petites localités, serait plus

---

tives aux divers réglements de traction sur les diverses lignes, et autant qu'il n'y a pas des empêchements insurmontables quant à l'emploi des locomotives sur les différentes lignes de chemin de fer.

facile, et finalement, on sait par expérience qu'un transport bien conduit est le moins nuisible aux blessés pendant les premiers deux à trois jours.

Il faut donc que les médecins insistent absolument sur se que des trains d'ambulance en nombre suffisant suivent de près les armées pour s'en servir immédiatement après la bataille; qu'ils s'opposent avec toute l'énergie possible au barbarisme traditionnel qui était d'usage encore dans la dernière guerre, de jeter le blessé d'abord sur une charette de paysan sur une couche de paille, ensuite dans un wagon à marchandises quelconque avec ou sans paille, de le laisser là affamé et altéré de soif et tourmenté de douleurs jusqu'à ce qu'un train de passage le prenne et le secoue tellement qu'il est plus mort que vif avant d'arriver, en maudissant sa destinée, à sa place de destination. C'est ce qui arrivait malheureusement trop souvent aux braves blessés venant du champ de bataille, et seule la patience exercée à supporter les plus terribles efforts réunie à la conscience d'avoir fait son devoir et payé son tribut à la patrie, était capable de soutenir les blessés transportés de cette façon, qui une fois rendus à leur patrie oubliaient bientôt tout ce qu'ils avaient souffert.

Je me déclare incompétent de juger si l'exigence, que les médecins devront toujours réitérer, d'avoir dès le début de la guerre des trains d'ambulance à proximité immédiate des armées, pourra être satisfaite *dans tous les cas*. En me rappelant les conditions dans lesquelles se trouvaient les voies ferrées avant et aussitôt après

les batailles de Wissembourg et de Wörth où les trains
étaient serrés les uns contre les autres dans une longueur de
plusieures lieues, les chemins de fer n'ayant pour la plupart qu'une seule voie [1]), alors je commence moi-même
à douter de la praticabilité de cette exigence. Il me
semble que c'est presque comme si on voulait prescrire
à un général en chef d'avoir toujours sous la main, tout
près de lui, autant de troupes de réserve qu'il faut pour
ne jamais perdre une bataille quelque imprévue qu'elle
soit. Il est vrai qu'il convient de remémorer aussi le
général de cette nécessité lors même que l'on doive se
dire a priori que les conditions ne seront pas toujours
remplies.

En ce qui concerne les évacuations des ambulances provisoires pendant les périodes plus avancés de la
guerre, elles ne peuvent avoir lieu de la bonne et exacte
manière qu'avec l'aide des commandants d'étapes et chaque voyage du train sanitaire pris séparément doit avoir
la tâche déterminée, avec désignation du lieu de départ
de l'évacuation et celui de sa destination. Pendant la
dernière guerre on a perdu beaucoup de temps et d'argent par des voyages inutiles et sans but déterminé, en-
trepris par des trains équipés par voie privée [2]).

De la part des médecins militaires l'envie n'était
pas très-grande de laisser évacuer leurs ambulances pro-

---

[1]) Un train d'ambulance prêt à partir de Carlsruh le jour de la
bataille de Wissembourg était obligé de retourner sur ses pas
sans avoir rien fait parceque la voie était obstruée. (Nr. 35,
page 65.)
[2]) *Sigel* Nr. 26, pages 14 et 15.

visoires établies en pays ennemi; beaucoup plus fort
était le désir du côté des ambulances des sociétés de secours de remplir leurs lits dont un grand nombre étaient
vides; la demande de ces ambulances en blessés ne fut
jamais couverte au complet. En conséquence, les sociétés
équipaient des trains sanitaires pour remplir leurs ambulances qui autrement seraient restées vides. Ces conditions tout à fait interverties n'auraient pu se produire
si on avait arrangé dès le commencement de la guerre
des voyages réguliers de trains sanitaires pour opérer
la dispersion des blessés fraîchement recueillis.

L'ordre d'évacuation des ambulances provisoires,
éventuellement celui de leur abandon complet, doit partir des médecins inspecteurs des corps d'armée; ces fonc-
tionnaires ne devraient rien avoir à faire avec le traitement des blessés, mais seulement prendre les dispositions
générales pour le service. C'est aux médecins-principaux
directeurs des ambulances et des sections d'ambulance
à choisir les blessés et malades à évacuer et leurs rapports adressés au médecin-inspecteur constateront le total des évacués. Il est possible qu'il convienne à la
division des armées allemandes que le nombre des trains
sanitaires soit égal à celui des corps d'armée et que
l'autorité sanitaire suprème du corps puisse officiellement
établir le train. Dans le cas toutefois, où cet arrangement serait adopté, il serait très-peu convenable de laisser
au médecin-inspecteur du corps d'armée la disposition
exclusive des trains, voire même de façon que le train
sanitaire respectif ne puisse prendre que des blessés du

corps d'armée auquel il appartient. Cela entraînerait les mêmes conséquences funestes qui résulteraient d'une disposition analogue appliquée aux ambulances de campagne; il arrive souvent que des corps d'armée entiers ne prennent aucune part à l'action pendant longtemps, tandis que d'autres corps marchant à côté d'eux sont envoyés au feu plus d'une fois de suite. Dans ces cas il faudrait y avoir possibilité de faire arriver promptement les trains sanitaires des corps voisins. — Sitôt qu'il arrive un moment de répit dans la succession des combats, il faut choisir un point central[1]), peut-être la capitale des pays belligérants, ou bien une autre étape plus rapprochée du théâtre de la guerre, pour disposer de là des trains d'ambulance disponibles, les médecins-inspecteurs ayant à s'adresser là pour l'évacuation de leurs ambulances. Il faut que le télégraphe tienne le commissaire général de santé, stationné à ce point central, exactement au courant quant à l'endroit où se trouve chaque train sanitaire à tout moment donné; c'est à lui qu'il faut notifier tous les trains disponibles des sociétés de secours concessionnés

------

[1]) M. *Virchow* (Nr. 18, page 20 et suiv.) insiste aussi sur la nécessité d'une organisation plus rigide des évacuations des ambulances. — Les remarques de M. *Peltzer* (Nr. 32, page 38 et suiv.) qui, en sa qualité de médecin d'étape à Mannheim et à Nancy a eu l'occasion d'acquérir beaucoup d'expérience sur le fonctionnement des trains sanitaires, et comme médecin militaire est parfaitement en mesure de juger combien on peut obtenir par voie officielle, moyennant des réglements etc. et comment il faut faire pour arriver au meilleur, ces remarques, dis-je, sont très-importantes et dignes d'attention.

par le gouvernement et n'ont à recevoir des ordres que
de lui. Il doit savoir aussi quelles sont les ambulances
du pays les mieux installées, où sont les meilleurs chirurgiens et où il y a le plus de places vacantes. A l'aide
du télégraphe, un bureau composé d'hommes exacts pourrait fournir sans difficulté, dans une station centrale
comme celle dont s'agit, un tableau général de la répartition des blessés et malades du pays entier.

Les commissions d'évacuations établies vers le milieu
de la dernière guerre avaient pour objet d'obtenir une
répartition uniforme autant que possible des blessés et
malades, mais la connexité mutuelle manquait pendant
longtemps entre ces commissions; souvent, l'avis d'un
train à peine reçu, il arriva au bout de quelques heures;
on ne savait pas où mettre les hommes; parfois les télé-
grammes donnaient des nombres tout-à-fait inexacts des
blessés et malades venant par le train; quelquefois la
route d'étapes n'était prescrite qu'en termes généraux sans
indiquer un but déterminé. Les ambulances des sociétés
de secours, peu disposées à recevoir surtout des malades,
n'étant pas souvent montées pour ce faire, refusaient parfois de recevoir les malades qui leur étaient envoyés, ce
qui produisit des désordres par lesquels les blessés et
malades, la plupart du temps mal couchés, étaient les
premiers à souffrir. Tous ces inconvénients ne seront
évités que par la concentration dans une maine ferme
et organisatrice du droit de disposer des blessés et malades à disperser. L'intérêt de certaines ambulances et
sociétés, même celles protégées par des hauts et très-hauts

personnages, doit être soumis à l'ordre général, ménagé
par le commissaire central préposé à la répartition des
malades et blessés. Ce commissaire sera nécessairement
un militaire ou un médecin militaire de haut rang, pour
qu'il puisse disposer officiellement des trains d'ambulance
organisés militairement; il faut choisir à cet effet un
organisateur très-capable qui jouit de la confiance publique, ou qui sait promptement l'acquérir par son savoir
et pouvoir.

*   *   *

Toutes les fois que cela se peut faire, *les trains
sanitaires doivent se rendre au lieu de leur destination
par un trajet rapide de jour et de nuit.* Il a été souvent remarqué[1]) combien étaient désagréables les retards
produits par des commissions dont on charge en passant
ces trains; certes, il est impossible de tenir exactement
l'heure de réception et de livraison des blessés du moment où l'on charge le train sanitaire de commissions
subsidiaires. S'il y a quelquefois des exceptions justifiées,
on ne doit, en principe, donner aux trains sanitaires des
commissions se rattachant au transport, et jamais sans
la permission, encore moins à l'insu du directeur du train.
Il n'y a qu'un directeur militaire muni d'instructions précises qui soit en mesure de résister avec succès aux in-
sistances des commandants d'étape.

---

[1]) *Virchow* Nr. 18, page 9. — *Wasserfuhr* Nr. 27, page 31.

Encore moins doit-il être permis *d'accoupler des wagons aux trains d'ambulance chargés* [1]. Cela pourrait nonseulement porter préjudice à la vitesse du train, mais la longueur immodérée du train deviendrait très-incommode aux petites stations à gare. Mais si l'on attache au train des wagons contenant des légèrement blessés qui prétendront d'être nourris par la cuisine du train et fourni de vin et de bière, cela entraînera les plus grands désordres, cela équivaudra au pillage du train d'ambulance.

Tout cela semble si facile à éviter, il faut néanmoins en temps de guerre nonseulement de l'énergie mais aussi du plein pouvoir militaire pour le mettre à exécution. Les réglements à l'usage des trains sanitaires sont appelés à mettre l'ordre légal à ces relations.

Avant de procéder au chargement du train sanitaire, il faut faire *le nettoyage minutieux* des wagons et de tous les ustensiles [1] ainsi que la révision de l'inventaire. La même chose doit avoir lieu après la livraison des blessés; c'est le devoir des infirmiers, sur lesquels il est nécessaire d'exercer un contrôle très-rigoureux, il faut les occuper au service pendant toute la journée à l'instar

---

[1] Voir des plaintes à ce sujet chez *Sigel* Nr. 26, page 14 et *Wasserfuhr* Nr. 27, page 28. — *Schmidt* Nr. 50, page 16.

[1] Quelque naturel que cela paraisse, ou le néglige souvent ou on le fait mal, comme le fait remarquer M. *Heller. Hirschberg* Nr. 37, page **57**. — Il y avait certains trains d'ambulance (comme il y a certains hôpitaux) qui étaient fortement soupçonnés de mauvaises conditions hygiéniques *Hirschberg* Nr. 37, page 58. Rapport de M. *Stör.*

des matelots d'un navire au mouillage [1]). Si l'arrêt dure quelque temps, il faut lescommander, suivant le besoin, au service des ambulances du voisinage d'où l'on peut les rappeler instantanément; ils ne peuvent, en aucun cas, rester inactifs. Il est toutefois très-désirable que *le personnel des infirmiers sur les trains sanitaires reste constamment le même,* attendu que c'est un service qui demande beaucoup d'exercice et d'adresse pour placer et enlever les lits-brancard etc., un infirmier malhabile faisant beaucoup souffrir les malheureux blessés [2]).

Nous avons déjà parlé du chargement et déchargement des blessés [3]). Dans ces opérations il y a maints détails à considérer, par exemple, que le côté atteint du blessé soit tourné vers le passage du milieu du wagon et non vers la paroi; que les blessés dont le pansement est plus compliqué soient couchés sur les lits de rangée inférieure; que les pièces d'habillement des soldats soient marqués avant d'être déposés au wagon d'effets militaires etc. etc.

Le service est très-pénible [4]), il doit être reglé sur les trains d'ambulance pleins, par des réglements tout

---

[1]) Ceci est également applicable au personnel de service des trains sanitaires des Sociétés de secours, ce qui est relevé avec raison par M. *Sigel* Nr. 26, page 18. — *Virchow* Nr. 18, page 8.

[2]) *Sigel* Nr. 26, pages 12 et 27. — *Hirschberg* Nr. 37, page 67.

[3]) pag. 100.

[4]) „Il est constaté que des suites d'atteintes portées à leur santé dans le déchargement de leur service sont morts 1 garde-

comme dans une ambulance militaire; chaque wagon porte un numéro, de même chaque lit dans les wagons. La visite du matin et celle du soir ont lieu à des temps précis comme à l'hôpital; chaque infirmier de chaque wagon a son livret sur lequel sont inscrites les ordonnances et la nourriture de chaque malade. *Je ne crois pas nécessaire d'avoir un pharmacien sur les trains d'ambulance*[1]); un des médecins se charge de dispenser les médicaments et de distribuer les objects de pansement que l'on choisira aussi simples que possible en se bornant pour la quantité au strict nécessaire[2]). Chaque méde-

---

magasin, 1 infirmier et 2 cuisinières de trains d'ambulance. Nr. 36, page 168.

[1]) Les trains sanitaires wurtembergeois en avaient toujours un. *Siyel* Nr. 26, page 23.

[2]) Conf. là dessus *Wasserfuhr* Nr. 27, page 16; il donne la description plaisante du *wagon-pharmacie* d'un train sanitaire, en ces termes:

„Je n'étais donc pas peu étonné, lorsqu'un matin, me trouvant dans une gare de l'Alsace, je vois passer lentement un autre train sanitaire équipé plus tard, dont un wagon portait l'inscription, peinte en grosses lettres, de „pharmacie". Ma curiosité me fit monter dans ce wagon où je ne trouvai cependant qu'un homme qui cirait des bottes, et qui se présenta comme domestique du chef du train et m'informa qu'il habitait le wagon avec le cuisinier du train — les preuves en étaient visibles dans l'intérieur du wagon —, et lorsque je demandai après la pharmacie, le brave homme me fit remarquer dans un coin trois caisses peintes en rouge superposées les unes aux autres, et ressemblant aux miennes comme se ressemblent deux oeufs de poule. Après quoi je quittai la „pharmacie" tout-à-fait rassuré."

M. *Herz* aussi déclare le pharmacien inutile sur les trains. *Hirschberg* Nr. 37, page 52

cin aura à sa charge un nombre déterminé de wagons de blessés et malades — une section du train. Le médecin du jour fait de temps en temps la traversée des wagons pour voir si tout se passe dans l'ordre hors les heures de visite; la nuit la cabine du médecin de garde est marquée par une lanterne allumée, placée devant la porte. — S'il faut veiller la nuit dans certains wagons, il faut disposer que les infirmiers fassent ce service tour à tour, pour ne pas épuiser quelquesuns[1]).

Défense générale de fumer, c'est peut-être ce qu'on peut faire de mieux; il serait peu convenable de compliquer la répartition des blessés et malades par la distinction de wagons pour fumeurs et pour non fumeurs; toutefois, M. *Wasserfuhr* l'avait introduite[2]).

Il me reste encore à dire un mot des *infirmiers* des trains sanitaires. Il y a des pays allemands où l'on distingue entre infirmiers et aides-chirurgiens. Là on propose de prendre 10 aides (barbiers-chirurgiens) et 10 infirmiers que l'on distribuerait dans les wagons de ma-

---

[1]) *Sigel* (Nr. 26, page 18) fait remarquer que les instructions précises pour le service sur les trains sanitaires sont nécessaires dans l'intérêt de la cause, et ne sont pas purement des fantaisies de MM. les militaires. — *Peltzer* (Nr. 32, page 13) partage cette opinion. — *Wasserfuhr* aussi (Nr. 27, page 7) fait ressortir la nécessité d'introduire sur les trains d'ambulance, l'ordre qui règne dans les hôpitaux et de manier le service militairement (page 30); il en donne une image très-exacte (page 44). — Les instructions à l'usage des trains sanitaires de la Bavière sont rapportées chez *Hirschberg* (Nr. 37, page 85).

[2]) Nr. 27, page 41.

nière, que le wagon servi par un aide alternerait avec un autre ayant un infirmier à bord et que ce dernier serait tenu d'assister l'autre dans les pansements moins graves. Quant à moi, je ne trouve pas bon que des individus de rangs divers soient employés à ce service sur les trains sanitaires, attendu qu'il vaut mieux de prévenir d'avance dans le service toute question de compétence. Les médecins allemands sont élevés dans l'habitude de renouveler eux-mêmes les appareils des blessés et de vérifier personnellement, au moins une fois par jour l'état des blessures; là où il s'agit simplement d'appliquer la charpie ou l'ouate fraîche, on peut bien employer les infirmiers ayant les mains propres. Mais je dois absolument repousser la pratique en usage dans les hôpitaux français de faire en principe panser les blessés par les infirmiers. — Amener dans les trains d'ambulance des femmes comme infirmières et cuisinières me paraît de mauvais système; cela complique la disposition des dortoirs, entraîne des égards qui gênent[1]) et cause un relâchement de la discipline rigide laquelle est absolument indispensable[2]). — On comprend facilement, que les médecins militaires conduisant un train sanitaire, préfèrent avant tout de tra-

---

[1]) Voir *Sigel* Nr. 26, page 19. — *Wasserfuhr* Nr. 27, page 26. — *Schmidt* Nr. 50, page 25.

[2]) Les médecins militaires seront indubitablement de mon avis, néanmoins, des voix en faveur de gardes-malades volontaires se sont aussi fait entendre: *Sigel* Nr. 26, page 17. — *Herz* voudrait que les religieuses puissent seules accompagner les trains sanitaires. *Hirschberg* Nr. 37, page 52.

vailler avec des infirmiers traînés à la discipline militaire,
et c'est à quoi il faut tendre en principe. Ils ont surtout raison de repousser la promiscuité d'infirmiers rece-
vant une paye relativement haute, avec des infirmiers
militaires mal payés[1]. Il en est autrement sur les trains
sanitaires des Sociétés de secours: là nonseulement on
ne peut pas éviter les gardes-malades volontaires, mais
ils sont indispensables. Ceux-là aussi peuvent donner,
sans aucun doute des résultats excellents et acquérir une
bonne discipline sous une sage direction; il n'est pas douteux non plus que cette tâche est plus difficile que là
où l'on commande à des soldats qui peuvent, en cas de
contravention ou de négligence grossières, être mis aux
arrêts à la première station d'étape. — Le plus grand
soin dans le choix de ces individus et de tout le personnel en général est en tous cas la première condition
de prosperité pour un train sanitaire[2].

Quant aux fonctions à remplir par le garde-magasin
et le personnel de cuisine, auquel incombe aussi le service autour de la table dans le wagon-réfectoire, nous
n'avons rien de particulier à ajouter.

*　　*　　*

Je crois devoir mentionner encore une tâche difficile que l'on a souvent posée aux trains sanitaires, notamment celle de recueillir les petits groupes de blessés et

---

[1] *Wasserfuhr* Nr. 27, pages 22 et suiv.
[2] *Sigel* Nr. 26, page 17.

malades dispersés dans de petites ambulances et de les
concentrer en un transport collectif pour le pays natal.
Comme l'accomplissement de cette tâche dépend entièrement de la localité, des communications de la voie ferrée et de la possibilité de s'en servir plus ou moins librement, il serait inutile de poser là dessus des principes.
Les demandes de cette nature se produisent ordinairement vers la fin de la guerre, où il s'agit de retirer les
derniers blessés du pays ennemi, ou de recueillir les
blessés de nationalités diverses et les transporter dans
leur pays natal. A cette époque il y a déjà ordinairement des trains réguliers auxquels on peut attacher quelques wagons de blessés accompagnés d'un médecin, et
les rapatrier de la même manière; il s'agira là de trajets
courts de quelques heures seulement, pendant lesquelles
les blessés se contenteront de nourriture froide.

M. *Schmidt*[1]) propose d'attacher dans ce but au
train d'ambulance de prime abord deux wagons-cuisine,
mais je ne trouve pas utile d'alourdir ainsi le train. Dans
la plupart des cas on pourra s'arranger des manière qu'on
procédera jusqu'à la dernière des stations de réception,
en envoyant pendant le voyage d'aller sur les points de
bifurcation des wagons que l'on attachera à d'autres trains;
ces wagons devront retourner à temps pour se rattacher
au train principal à son retour[2]). Ce n'est qu'en ayant à

---

[1]) Nr. 50, page 18.
[2]) On trouve dans l'ouvrage de *Wasserfuhr* Nr. 27, (pages 34
   et suiv.) plusieurs cas pour montrer comment des plans de
   ce genre ont été exécutés en pratique.

la main la carte de chemins de fer, celle des communications télégraphiques et le tableau du mouvement des trains que l'on peut faire ces dispositions suivant le besoin. Ces procédés d'évacuation sont extraordinairement facilités si des ambulances en bon nombre se trouvent établies à proximité immédiate de la voie ferrée. La nécessité d'établir ces *ambulances d'étape* a été particulièrement relevée par *Peltzer*[1]) et par *Roth*[2]). Je puis ajouter que les observations que j'ai faites à Wissembourg et à Manheim me font positivement désirer que l'ambulance d'étape ainsi située près d'un chemin de fer soit toujours placée sous une direction militaire. A chaque station de chemin de fer un peu importante on voit journellement arriver, même par les trains ordinaires de voyageurs et militaires, des soldats isolés traînards, malades, ou convalescents qui demandent un entretien provisoire. Quand une société de secours se trouve avoir installé une ou plusieures bonnes ambulances, et qu'elles soient sous la direction de médecins civils, bien organisées au point de vue de la hygiène, il n'y a rien de plus ennuyeux que de voir des soldats de la susdite catégorie y faire irruption en tout temps.

Le chef d'une ambulance de ce genre aura par exemple distribué ses blessés avec grand soin de manière à éviter l'encombrement et à réserver quelques lits de rechange pour les cas les plus graves. Là-dessus ar-

---

[1]) *Peltzer*, Nr. 32, page 61.
[2]) *Roth* Nr. 39, page 25.

rive inopinément une troupe de soldats traînards envoyés
par le commandant d'étape pour être entretenus provisoirement. Cela produit dans l'ambulance un désordre
tel que les médecins s'y opposent à outrance; de son
côté, le commandant d'étape veut être débarrassé de ces
traînards demi-malades, il *veut* qu'ils soient recueillis s'il
y a quelque part un lit vacant. De là naissent des
froissements de toutes sortes; des querelles de compétence: l'ambulance de la société de secours est-elle forcée
de recevoir tous les soldats qu'on lui envoie? La société
dit: non! Le commandant d'étape dit: oui! Il est très
difficile alors de trouver le moyen terme, et j'avais à
Wissembourg où les localités manquent, plusieurs assauts
à soutenir pour protéger mes ambulances de l'envahisse-
ment soudain par des soldats de passage, parmi lesquels
il se trouvait pas mal de simulants qui sont ordinairement plus vite démasqués par un médecin militaire que
par un médecin civil. Il existait à Manheim, au grand
bien de notre organisation, nonseulement une ambulance
à proximité immédiate du chemin de fer [1]), mais j'avais
en outre une infirmerie à part pour les légèrement malades placée sous la direction d'habiles médecins militaires hollandais qui y maintenaient un excellent ordre.

Dans ces ambulances de chemin de fer ou d'étape
on concentrera peu à peu tous les blessés et malades
dispersés dans les petites localités des environs, l'évacuation par les trains sanitaires sera alors plus facile et
plus régulière.

---

[1]) *Billroth* Nr. 33, page 43.

Tous les hommes experts sont d'accord de demander qu'en règle générale la vitesse des trains sanitaires soit égale à celle des trains Express, savoir d'une lieue allemande par 15 minutes, et que les trains sanitaires (ceux des Sociétés aussi bien que ceux de l'Etat) jouissent de toutes les prérogatives des trains militaires. — Nous avons déjà remarqué plus haut[1]) que la vitesse du train subira naturellement des modifications suivant l'état dans lequel se trouveront les rails et les wagons.

Quelque nombreuses que soient les plaintes contre le transport, souvent bien lent, des trains sanitaires, il faut reconnaître avec plaisir qu'il ne soit arrivé qu'une seule collision grave d'un train sanitaire avec un train de marchandise, mais qui a, malheureusement, coûté la vie à plusieurs hommes[2]).

---

[1]) page 116.
[2]) Nr. 21. — 9 morts et 23 blessés.

Ce qu'il faut faire
pour qu'à la prochaine guerre les trains sanitaires soient installés aussi parfaitement que possible.

———

Pour conclure, qu'il me soit permis de discuter ce qu'il y a à faire pour que les blessés puissent participer, lors de la prochaine guerre, à tous les avantages réalisables sans trop de difficultés dans le transport par chemin de fer, ainsi que je crois l'avoir montré dans le cours de cet ouvrage. Il incombe, sans doute, aux gouvernements des grandes puissances de prendre l'initiative à ce sujet. Que l'on nomme des commissions composées d'hommes affranchis de préjugés qui ont acquis de l'experience pendant la dernière guerre, et connaissent à fond les conditions de la Santé militaire. C'est eux qui auront à préparer des plans détaillés pour la construction d'un train sanitaire d'après les principes discutés plus haut. Ces plans doivent s'étendre à l'aménagement de chaque wagon, à son inventaire et l'emballage du matériel jusqu'aux détails minimes. On a eu tort de ne pas s'occuper jusqu'à présent que des wagons de blessés, car tout wagon faisant partie d'un train sanitaire a son importance; les improvisations en voitures-cuisine, voitures-magasin, voitures pour les médecins etc. se sont montrées en pratique très-défectueuses en partie. — Dès qu'un train de ce genre sera prêt, il sera nécessaire de le manoeuvrer souvent, en été comme en hiver; à cette occasion on chargera au complet tous les wagons à blessés on examinera et mettra à l'épreuve la ventilation et le chauffage; la cuisine aura à prouver sa suffisance pour fournir 200 personnes pendant le voyage. Ce n'est qu'après avoir écarté tous les inconvénients qui se seront manifestés pendant ces manoeuvres qu'il faudra procéder à la rédaction d'un réglement sur l'établissement des trains sanitaires et le service à introduire dans cette branche.

Cette demande n'est pas si forte, en effet, et aucun parlement n'oserait rayer du budget les sommes nécessaires pour les installations de cette nature, puisqu'elles sont infiniment petites en comparaison avec celles allouées pour essayer l'effet des nouveaux projectiles d'artillerie.

Assurément, c'est une honte pour les gouvernements des grandes puissances, que nonseulement le système moderne des ambulances de guerre, mais encore le transport des blessés sur les chemins de fer fussent des créations introduites par des simples particuliers ou des sociétés qui marchent et poussent constamment en avant — je dois nommer ici *Esmarch* avant tous les autres; — créations que les gouvernements n'imitaient que tardivement après être arrivés à la conviction que leurs institutions vieillies n'étaient plus à la hauteur du temps;

la seule exception que je dois faire est en faveur du royaume de Wurtemberg, le premier pays de l'Allemagne où l'on aît réalisé grâce à l'énergie de M. *von Fichte*, du nouveau et du bon dans le domaine du transport des blessés.

Ce qui fait encore plus de honte aux dits gouvernements c'est que tout récemment c'étaient encore deux sociétés privées qui ramassaient les données de l'expérience de la dernière guerre pour montrer comment et de quel côté on doive chercher et trouver le progrès. La construction du train sanitaire modèle par la „Société de secours aux blessés de Paris“, ainsi que la confection à titre d'essai d'un grand nombre de modèles de brancards, voitures de blessés, voitures-cuisine par „l'ordre teutonique“ constituent des actes humanitaires dont le génie impulsif et inventif a été et continue d'être M. *Mundy*.

Je cherche la raison pourquoi l'activité des sociétés réalise davantage en progrès que ne font les gouvernements et je trouve que la cause du secours porté aux blessés n'est pas la conservation de la vie des hommes, mais la compassion pour les hommes souffrants. Dire que le général d'une armée doit beaucoup tenir à la *conservation des blessés*, et que l'Etat doit être soigneux à conserver et à épargner les forces du travail national, que le bon entretien des blessés est dès lors un devoir politique, c'est là une réflexion très-sensée, mais elle offre trop peu d'avantages immédiats pour avoir une importance pratique dans nos guerres modernes qui sont d'une durée relativement courte. Dans les guerres qui avaient lieu depuis le commencement de la seconde moitié de notre siècle, les grands états u'ont jamais manqué d'hommes pour suppléer promptement à la perte des combattants; le vide occasionné par les blessés n'a jamais été un motif pour mettre fin à la guerre. Si on relâchait successivement la discipline en campagne à l'égard du pillage etc. on trouverait toujours des milliers de soldats qui, pour de l'argent et l'esperance du butin s'engageraient volontiers et se laisseraient tuer à l'occasion.

Les sociétés aussi auraient peu de succès s'ils n'employaient comme levier pour l'assistance volontaire aux blessés que la conservation de la vie des hommes. C'est là une réflexion très-froide; elle n'a pas d'effet, d'une part, parcequ'elle est, pour être comprise par la foule, trop compliquée dans ses conséquences et qu'elle présuppose trop de connaissances, et d'autre part, parcequ'elle heurte directement certaine idée moderne qui nous domine complètement, du moins en Europe: c'est l'idée ou plutôt la peur de l'excès de population sur notre continent. Toutes les classes aisées des nations civilisées sont aujourdhui remplies de cette idée, et ce sont elles cependant qui doivent fournir les moyens de conservation des blessés. Non, ce motif là n'aura aucun effet; l'homme pris séparément ne craint rien autant que d'être accablé et étouffé par ses concurrents et concitoyens. Qu'il meure un homme qui a rempli une place dans le mécanisme politique ou social d'un groupe d'hommes petit ou grand, il est possible qu'il sera regretté par quatre ou cinq de ses amis pendant quelque temps, mais il y aura vingt autres qui profitent matériellement de son départ et qui n'ont pas de motif raisonnable de s'en affliger.

Ce fait que l'on puisse se passer de l'homme individuel dans l'excès de puissance intellectuelle qui existe dans les états civilisés de l'Europe est aussi la cause pourquoi l'intérêt des gouvernements et des sociétés humanitaires pour la conservation de l'homme est si mince à l'occasion de grandes épidémies.

Le levier principal, je dirais même l'unique avec lequel on peut mettre l'humanité en mouvement en faveur des blessés, c'est *la compassion personnelle* de l'individu pour son prochain souffrant. Loin de moi de méconnaître les effets de l'exaltation patriotique en temps de guerre, mais je pense que le motif principal de la sympathie chaleureuse et générale du peuple pour le sort des blessés de la dernière guerre, c'était leur dispersion dans tout l'empire d'Allemagne. Un homme dont la compassion se trouvait très vivement excitée momentanément par les effrayants récits des misères qui forment le cortège inévitable des batailles, n'en reprit pas moins ses occupations journalières et oublia bientôt l'impression qu'avait fait sur lui la lecture du journal, il s'en ressentit comme d'un effet de théâtre. Mais celui qui avait les blessés devant les yeux, qui les regarda souvent, les savait près de lui, celui-là les prit bientôt à coeur, sa sensibilité se changea en aide et l'effet visible de l'assistance l'excita à une activité nouvelle.

C'est à la dispersion des blessés sur toute la surface du pays par les trains sanitaires que l'on doit attribuer l'extension générale de cette assistance active. Quand on lit dans un journal — ce qui arrive si souvent — qu'un tel venait à être écrasé par une voiture, tel autre attaqué par des meurtriers et qu'il restait abandonné sans aide pendant des heures, on trouvera cela bien triste et plaindra le malheureux, mais s'il est porté dans notre maison, nonseulement nous lui prêterons assistance immédiate, mais sa destinée ultérieure ne manquera pas de nous intéresser encore longtemps après, et nous voudrons savoir ce qu'il est devenu.

C'est la compassion pour les souffrances humaines qui émeut les hommes et les excite à agir, et non pas la réflexion sur le fait qu'il y a là un homme de plus qui meurt et qui sans cela aurait fourni encore telle ou telle quantité de travail.

Ce sont les mêmes sentiments purement humains qui poussent le général après une bataille livrée à faire autant que possible pour les blessés, et nullement cette pensée, que ce soit une exigence politique de conserver ces blessés pour les faire servir dans des batailles à venir. Ces beaux sentiments humanitaires devraient aussi engager les hommes appelés à conseiller les gouvernements, à diriger de plus à plus leur attention sur le transport des blessés, puisque la souffrance principale, les plus grands tourments et les peines les plus aigües sont subis par le blessé précisément pendant le transport. Une fois qu'il se trouve couché dans son lit au pays natal, dans un hôpital bien tenu, entouré de soins sympathiques, soumis au traitement sensé d'un médecin, alors la plus grave période de ses souffrances matérielles est passée; ajoutons qu'il a d'autant plus de chances d'être rétabli et de redevenir capable de travailler qu'il aura été transporté soigneusement du champ de bataille à l'ambulance.

Des réflexions qui précèdent on peut conclure qu'il y a peu de probabilité à ce que les moyens pécuniaires des sociétés de secours puissent aujourd'hui, plusieures années après la guerre, augmenter d'une manière que ces sociétés soient en mesure de faire des essais avec un modèle de train d'ambulance. C'est à d'autant plus forte raison le devoir des gouvernements de prendre enfin l'initiative dans ce domaine. La tâche est fructueuse par excellence, parcequ'elle doit *forcément* amener des résultats positifs; il est désirable qu'il se trouve bientôt des hommes qui se réunissent pour résoudre ce problème d'une manière qu'on ne commette plus à la prochaine guerre l'inhumanité de faire des expériences relatives au transport des blessés sur les blessés mêmes!

Explication de la planche I.

Wagon de blessés et wagon des médecins faisant partie du train sanitaire, construit pour la „Société de secours aus blessés militaires à Paris d'après les indications de MM. *Mundy* et *Léon* par la „Compagnie française de matériel de chemins de fer" sous la direction de M. *Ch. Bonnefond,* et exposé au Pavillon sanitaire de l'Exposition universelle de Vienne en 1873.

Fig. 1. Wagon de blessés. Vue de côté.

Fig. 2. Wagon de blessés. Vue par le bout.

Fig. 3. Wagon de blessés. Coupe transversale.

Fig. 4. Wagon des médecins. Vue de côté.

Fig. 5. Wagon des médecins. Plan.

Wagon des Médecins

Faisanrançaise de matériel de chemins de fer sous la Direction de M. Ch. Bonnefond.

Voiture des Médecins,
Vue de coté

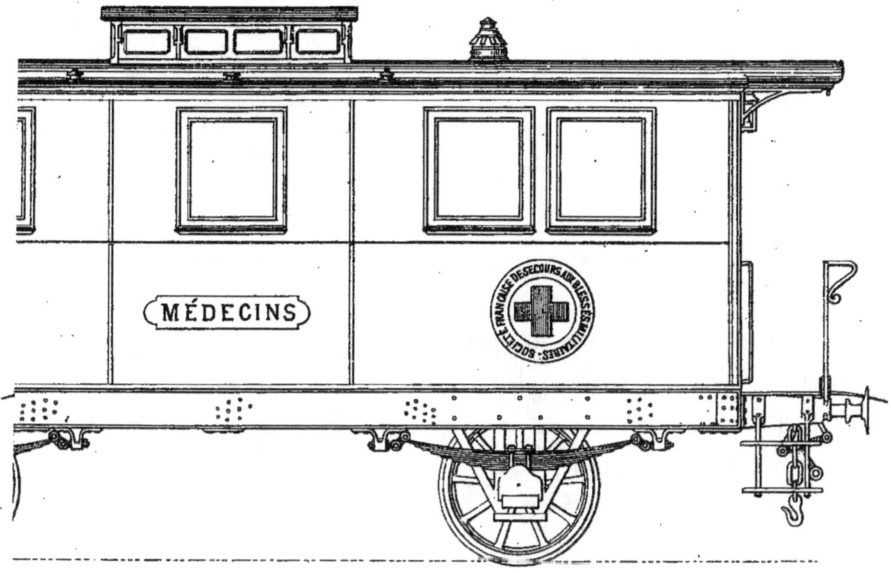

Voiture des Médecins,
Plan.

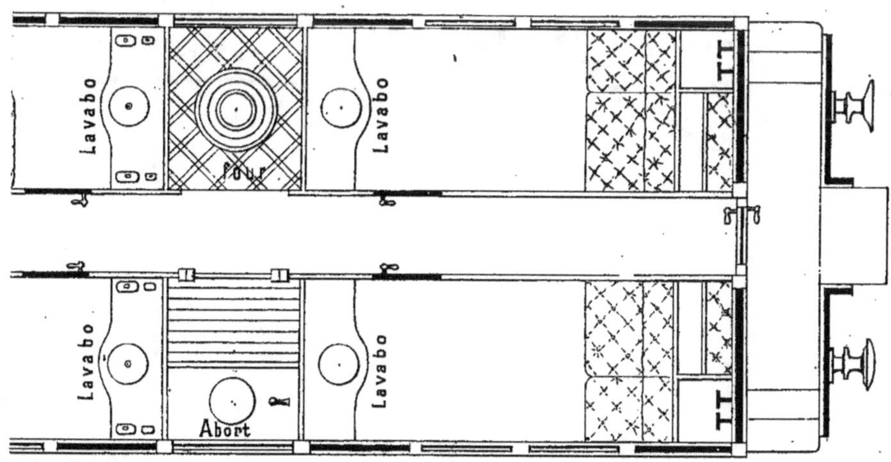

Wagon de blessés
faisant partie du train sanitaire, construit pour la Société de secours aux blessés militaires à Paris d'après les indications de MM. Mundy et Léon par la Compagnie française de matériel de chemins de fer sous la Direction de M. Ch. Bonn
exposé au Pavillon sanitaire de l'Exposition Universelle de Vienne en 1873.
Wagon des Médecins
Fig. 1.
Vue de coté
Fig. 4.
Voiture des Médecins,
Vue de coté
AMBULANCE
MÉDECINS
Fig. 2.
Vue par le bout
Wagon de blessés
Fig. 3.
Coupe transversale
Fig. 5.
Voiture des Médecins.
Plan.
Lavabo
Lavabo
Table
Lavabo
Lavabo
Abats

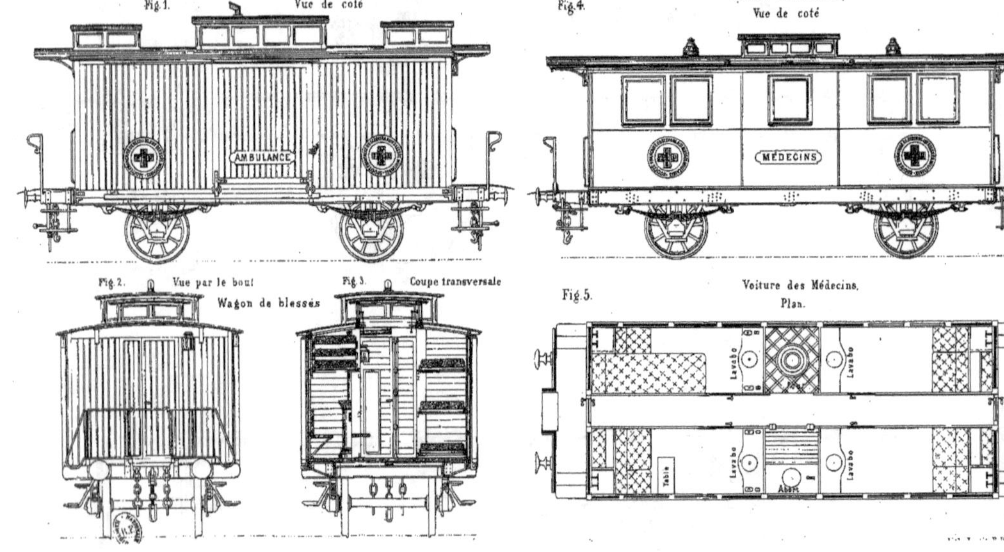